人工智能与大数据系列

大数据可视化编程和应用

倪振松　胡煜华　朱家全　**主　编**
谢岳富　陈建平　**副主编**

清華大学出版社
北京

内容简介

本书从基础开始，全面介绍大数据可视化的底层原理和实现框架，并重点讲解一些常用的大数据可视化关键技术，包括 Excel 图表、Tableau Desktop 可视化组件、Web 的可视化控件、Java 可视化控件及 Python 数据可视化工具。

本书共分为 8 章，第 1 章着重介绍大数据的发展历程，以及在大数据发展背景下数据可视化的概念、可视化技术的使用及可视化的现实意义；第 2 章着重介绍如何通过 Excel 工具实现数据可视化的内容；第 3 章着重介绍 Tableau 可视化工具的使用、数据处理、数据可视化的应用等内容；第 4 章着重介绍以Highcharts、d3 可视化为主要内容的 Web 可视化组件；第 5 章着重介绍以 JFreeChart 和 ECharts 为代表的Java 可视化控件的安装、功能及使用案例；第 6 章着重介绍以 Python 编程为基础的数据可视化工具，包括 Matplotlib 框架、Bokeh 框架、Pairplot 框架及基于 ECharts 的 Pyecharts 框架；第 7 章介绍豆瓣电影数据可视化应用案例；第 8 章介绍餐饮消费数据可视化应用案例。另外，本书还赠送 PPT 课件、教学视频、教学大纲等资源，方便读者学习和使用。

本书适合大数据可视化初学者，也适合作为高等院校数据科学与大数据技术、大数据技术与应用、大数据分析与挖掘等专业的教材。

图书在版编目（CIP）数据

大数据可视化编程和应用 / 倪振松, 胡煜华, 朱家全主编. —北京：清华大学出版社，2024.1
（人工智能与大数据系列）
ISBN 978-7-302-65259-5

Ⅰ. ①大… Ⅱ. ①倪… ②胡… ③朱… Ⅲ. ①可视化软件－教材 Ⅳ. ①TP31

中国国家版本馆CIP数据核字（2024）第005968号

责任编辑：张　敏
封面设计：郭二鹏
责任校对：徐俊伟
责任印制：刘海龙

出版发行：清华大学出版社
　　　　网　　　　址：https://www.tup.com.cn，https://www.wqxuetang.com
　　　　地　　　　址：北京清华大学学研大厦A座　　　　邮　　编：100084
　　　　社　总　机：010-83470000　　　　邮　　购：010-62786544
　　　　投稿与读者服务：010-62776969，c-service@tup.tsinghua.edu.cn
　　　　质　量　反　馈：010-62772015，zhiliang@tup.tsinghua.edu.cn
　　　　课　件　下　载：https://www.tup.com.cn，010-83470236
印　装　者：北京同文印刷有限责任公司
经　　　销：全国新华书店
开　　本：185mm×260mm　　印　　张：11.5　　字　　数：295千字
版　　次：2024年3月第1版　　印　　次：2024年3月第1次印刷
定　　价：59.80元

产品编号：102902-01

前言

大数据是当今社会炙手可热的话题，与之相关的专业词汇常被人提起，用于描述信息爆炸时代的海量数据。数据展示了人们的逻辑思维，而人的创造力更贴近于形象思维，将海量的数据变为人们可以明白的图像，能更加方便人们理解信息与事物之间的规律，于是诞生了图像思维中的图像视觉符号来统计海量数据。在此期间，可视化的关键技术在不断前进并在重大科学工程中发挥着巨大作用。

数据可视化包括相应数据的各种属性和变量，拥有的技术方法包括图形、图像处理、计算机视觉及用户界面。通过表达、建模，以及对立体、表面属性和动画的显示，数据可视化对海量的数据加以可视化解释。常规的可视化方法有直方图、散点图、多边形图、饼图、面积图、流程图、气泡图、箱形图等，多个数据系列或图的组合有时间线、维恩图、数据流程图、实体关系图等。此外，还有一些与以前的方法不同的数据可视化方法，如平行坐标、树、锥树和语义网络等。

当然，在传统的数据挖掘技术应用过程中，数据可视化也起到了很大的作用，但是用户在挖掘过程中是无法观察到数据挖掘的过程的，只能获取结果，所以，在数据分析与挖掘的过程中使用者并不能直观地获取观察过程，往往会导致用户更加单一地分析数据挖掘结果；而可视化数据挖掘为用户提供直观的信息数据，便于用户交互流量数据，从而极大程度地提升了数据挖掘的效率、准确性、有效性，获得更有使用分析价值的数据结果。所谓可视化，是指人们借助视觉观察在思维中形成客观事物影像的过程。这是一种心智处理的过程，可视化能够提升人们对事物观察的准确性，并形成一个完整的整体概念。可视化结果便于人们理解和记忆，并且它对信息的表达方式、处理方式是其他方式无法替代的。可视化技术普遍将人们所习惯的图形、图像工具融入信息处理技术中，将大量的信息化数据以更加直观的方式让人们理解和接受，将大量数据通过仿真化、形象化、模拟化等全新技术方式重现出来。可视化不仅可以通过客观的理念展现数据内容，还可以为使用者提供更加规律、真实的数据信息。

数据可视化技术可以大大加快数据的处理速度，使得每时每刻都在产生的庞大数据得到有效的利用，实现人与人和人与机之间的图像通信，改变了目前的文字和数字通信，从而使人们能够观察到传统方法难以观察到的规律，使科学家不仅能得到计算结果，还能知道在计算过程中发生了什么现象，并可改变参数，观察其影响，对计算过程实现引导和控制。用户也可以方便地以交互的方式管理和开发数据，使得人工处理数据、绘图仪输出二维图形等传统方法一去不复返。

关于本书

本书共分为 8 章：福建技术师范学院的倪振松负责全书的统稿工作，第 1、2 章由中国联通浙江省分公司的胡煜华编写，第 3 ～ 5 章由广西自然资源职业技术学院的朱家全编写，第 6、7 章由广州市财经商贸职业学校的谢岳富编写，第 8 章由福州德明科技有限公司的陈建平编写。

第 1 章着重介绍大数据的发展历程，以及在大数据发展背景下数据可视化的概念、可视化技术的使用及可视化的现实意义；第 2 章着重介绍如何通过 Excel 工具实现数据可视化的内容；第 3 章着重介绍 Tableau 可视化工具的使用、数据处理、数据可视化的应用等内容；第 4 章着重介绍以 Highcharts、d3 可视化为主要内容的 Web 可视化组件；第 5 章着重介绍以 JFreeChart 和 ECharts 为代表的 Java 可视化控件的安装、功能及使用案例；第 6 章着重介绍以 Python 编程为基础的数据可视化工具，包括 Matplotlib 框架、Bokeh 框架、Pairplot 框架及以 ECharts 为基础发展起来的 Pyecharts 框架；第 7 章手动实操豆瓣电影数据可视化应用案例；第 8 章手动实操餐饮数据可视化应用案例。

本书适合的读者

本书是大数据背景下的可视化开发技术教材，适用于具有编程基础和数据可视化基础的初学者、使用过界面可视化工具的应用人员、可视化编程的开发人员及高校大数据相关专业的师生等。

配套资源下载

本书配套资源包括教学大纲、实验手册、案例代码、PPT 课件、教学视频、习题和答案、实验配套镜像，需要用微信扫描下边二维码获取。

倪振松

2023 年 8 月

目录

第 1 章
数据可视化简介

本章学习目标:
- 掌握大数据的概念。
- 了解大数据的发展现状和趋势。
- 了解数据可视化的基本概念。
- 掌握数据可视化技术的基础思想。

本章首先介绍什么是大数据及大数据的基本特征;然后根据大数据产生的缘由对它进行分析;接着介绍大数据的发展现状和趋势;最后详细介绍了数据可视化的基本概念及可视化技术的应用。

1.1 大数据概述

大数据(Big Data)是指无法在一定时间范围内用常规软件工具进行捕捉、管理和处理的数据集合,是需要新处理模式才能具有更强的决策力、洞察发现力和流程优化能力的海量、高增长率和多样化的信息资产。

在维克托·迈尔·舍恩伯格及肯尼斯·库克耶编写的《大数据时代》一书中,对于大数据,并不是使用随机分析法(抽样调查)这种捷径对抽样数据进行分析处理,而是对所有数据进行分析处理。

大数据的 5V 特点(IBM 提出)如下:Volume(大量)、Velocity(高速)、Variety(多样)、Value(低价值密度)、Veracity(真实性)。

对于大数据,研究机构 Gartner 给出了如下定义:"大数据"是需要新处理模式才能具有更强的决策力、洞察发现力和流程优化能力的海量、高增长率和多样化的信息资产。麦肯锡全球研究所给出的定义如下:一种规模大到在获取、存储、管理、分析方面大大超出了传统数据库软件工具能力范围的数据集合,具有海量的数据规模、快速的数据流转、多样的数据类型和价值密度低四大特征。

1. 大数据产生的原因

大多数的技术突破来源于实际的产品需要。大数据最初诞生于谷歌的搜索引擎中,随着 Web 2.0 时代的发展,互联网上的数据量呈现爆炸式的增长,为了满足信息搜索的需要,对大规模数据的存储提出了非常高的要求。

当数据量、数据的复杂程度、数据处理的任务要求等超出了传统数据存储与计算能力时,称之为"大数据(现象)"。可见,计算机科学与技术是从存储和计算能力视角来理解大数据的——大数据不仅仅是数据存量的问题，还与数据增量、复杂度和处理要求（如实时分析）有关。

大量信息带来的问题如下：

- 信息过量，难以消化。
- 信息真假难以辨识。
- 信息安全难以保证。
- 信息形式不一致，难以统一处理。
- 缺乏挖掘数据背后隐藏的知识的手段，导致"数据爆炸但知识贫乏"现象。

2. 基本单位

在计算机存储中，最小的基本单位是 bit，最大的是单位是 DB；按从小到大的顺序给出所有单位如下：bit、B、KB、MB、GB、TB、PB、EB、ZB、YB、BB、NB、DB。它们按照进率 1024（2 的 10 次方）来计算，如图 1-1 所示。

1 B=8 bit
1 KB = 1,024 B = 8192 bit
1 MB = 1,024 KB = 1,048,576 B
1 GB = 1,024 MB = 1,048,576 KB
1 TB = 1,024 GB = 1,048,576 MB
1 PB = 1,024 TB = 1,048,576 GB
1 EB = 1,024 PB = 1,048,576 TB
1 ZB = 1,024 EB = 1,048,576 PB
1 YB = 1,024 ZB = 1,048,576 EB
1 BB = 1,024 YB = 1,048,546 ZB
1 NB = 1,024 BB = 1,048,546 YB
1 DB = 1,024 NB = 1,048,546 BB

图 1-1　计算机存储单位

3. 大数据技术

从技术上看，大数据与云计算的关系就像一枚硬币的正反面一样密不可分。大数据必然无法用单台的计算机进行处理，必须采用分布式架构。分布式架构的特色在于对海量数据进行分布式数据挖掘，但它必须依托云计算的分布式处理、分布式数据库和云存储、虚拟化技术。大数据需要特殊的技术，以有效地处理大量的容忍经过时间内的数据。适用于大数据的技术，包括大规模并行处理（MPP）数据库、数据挖掘、分布式文件系统、分布式数据库、云计算平台、互联网和可扩展的存储系统。

1.2　大数据与大数据技术发展历程

1. 大数据发展历程

在全球范围内，以电子方式存储的数据（简称为电子数据）总量空前巨大。2011 年，电子数据总量达到 1.8ZB（ZettaByte，泽字节，代表的是十万亿亿字节），相比 2010 年同期增加了 1ZB，统计结果表明，每经过两年就可以增加一倍。

回顾大数据的发展历程，大数据总体上可以划分为以下 4 个阶段：萌芽期、成长期、爆发期和稳步发展期。

（1）萌芽期（1980—2008 年）：大数据术语被提出，相关技术概念得到一定程度的传播，但没有得到实质性发展。同一时期，随着数据挖掘理论和数据库技术的逐步成熟，一批商业智能工具和知识管理技术开始被应用。1980 年，未来学家托夫勒在其所著的《第三次浪潮》一书中首次提出"大数据"一词，将大数据称赞为"第三次浪潮的华彩乐章"。2008 年 9 月，《自然》杂志推出了"大数据"封面专栏。

（2）成长期（2009—2012 年）：大数据市场迅速成长，互联网数据呈爆发式增长，大数据技术逐渐被大众熟悉和使用。2010 年 2 月，肯尼斯·库克尔在《经济学人》上发表了长达 14 页的大数据专题报告《数据，无所不在的数据》。2012 年，牛津大学教授维克托·迈尔·舍恩伯格的著作《大数据时代》开始在我国风靡，推动了大数据在我国的发展。

（3）爆发期（2013—2015 年）：大数据迎来了发展的高潮，世界各个国家纷纷布局大数据战略。2013 年，以百度、阿里、腾讯为代表的国内互联网公司各显身手，纷纷推出创新性的大数据应用。2015 年 9 月，国务院发布《促进大数据发展行动纲要》，全面推进国大数据发展和应用，进一步提升创业创新活力和社会治理水平。

（4）稳步发展期（2016 年至今）：大数据应用渗透到各行各业，大数据价值不断凸显，数据驱动决策和社会智能化程度大幅提高，大数据产业迎来快速发展和大规模应用实施。2019 年 5 月，《2018 年全球大数据发展分析报告》显示，中国大数据产业发展和技术创新能力有了显著提升。这一时期学术界在大数据技术与应用方面的研究创新也不断取得突破，截至 2020 年，全球以"big data"为关键词的论文发表量达到 64,739 篇，全球共申请大数据领域的相关专利 136,694 项。

随着我国大数据战略谋篇布局的不断展开，国家高度重视并不断完善大数据政策支撑，大数据产业迅速发展，大致经历了 4 个阶段，如图 1-2 所示，正逐步从数据大国向数据强国迈进。

萌芽期
- 1980—2008年
- 大数据和一词开始被提出，相关技术及概念得到传播，但没有实质性发展。

成长期
- 2009—2012年
- 此阶段大数据市场迅速成长，伴随着互联网的成熟，大数据技术逐渐被大众熟悉和使用

爆发期
- 2013—2015年
- 大数终于迎来了发展的小高潮，包括我国在内的世界各个国家纷纷布局大数据战略，大数据时代悄然开启

稳步发展期
- 2016年至今
- 随着国家部委有关大数据行业应用政策出台，金融等大数据行业应用的价值不断凸显

图 1-2　大数据发展历程

2. 大数据技术发展历程

大数据技术是指从数据采集、清洗、集成、存储、展示到分析，进而从各种各样的巨量数据中快速获得有价值信息的全部技术。目前所说的大数据有双重含义，它不仅指数据本身的特点，也包括采集数据的工具、平台和数据分析系统等技术。

在大数据时代，传统的软件已经无法处理和挖掘人量数据中的信息。谷歌在 2004 年前后相继发布了分布式文件系统（GFS）、大数据分布式计算框架——MapReduce、大数据 NoSQL 数据库——Big Table。受到谷歌的启发，2004 年 7 月，Doug Cutting 和 Mike Cafarella 在 Nutch 中实现了类似 GFS 的功能，也就是 HDFS 的前身。2005 年 2 月，Mike Cafarella 在 Nutch 中实现了 MapReduce 的最初版本。图 1-3 所示为大数据技术发展的全过程。

图 1-3　大数据技术发展

在大数据的生命周期中，数据采集处于第一个环节。根据 MapReduce 产生数据的应用系统分类，大数据的采集主要有 4 种来源：管理信息系统、Web 信息系统、物理信息系统、科学实验系统。对于不同的数据集，可能存在不同的结构和模式，如文件、XML 树、关系表等，表现为数据的异构性。对多个异构的数据集，需要做进一步集成处理或整合处理，将来自不同数据集的数据收集、整理、清洗、转换后，生成一个新的数据集，为后续查询和分析处理提供统一的数据视图。针对管理信息系统中异构数据库集成技术、Web 信息系统中的实体识别技术和 Deep Web（又称不可见网、隐藏网，是指互联网上那些不能被标准搜索引擎索引的非表面网络内容）集成技术、传感器网络数据融合技术等，业界人员已经做了很多研发工作，并取得了较大的进展，也推出了多种数据清洗和质量控制工具。这些工具包括美国 SAS 公司的 Data Flux、美国 IBM 公司的 Data Stage、美国 Informatica 公司的 Informatica Power Center 等。

3. 大数据处理流程

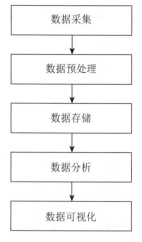

图 1-4　大数据处理流程

一般来说，大数据处理流程包括数据采集、数据预处理、数据存储、数据分析、数据可视化，如图 1-4 所示。

（1）数据采集。数据采集又称数据获取，通过 RFID 射频数据、传感器数据、社交网络数据、移动互联网数据等方式获得各种类型的结构化、半结构化及非结构化的海量数据。

（2）数据预处理。要分辨清楚哪些数据采用批处理就可以了、哪些数据是有实时处理价值的。实时处理对技术要求高，毕竟集群资源是有限的，需要合理利用计算资源。

（3）数据存储。数据存储是一个使用存储库持久地存储和管理数据的集合，其中不仅包括数据仓库，还包括简单的存储类型，如简单的文件、电子邮件等。

（4）数据分析。将多份数据查询出来，互相关联合并，生成一张新的表单，然后可以在新表单的基础上进行查询或者再与其他数据关联合并。

（5）数据可视化。数据可视化即数据的图形表示，旨在以更易于掌握和理解的有效方式传达大量海量数据。从某种意义上说，数据可视化是原始数据和图形元素之间的映射，它决定了这些元素的属性如何变化。可视化通常是通过使用图表、折线、点、条形图和地图来进行的。

1.3　数据可视化简介

本节主要对数据可视化进行介绍。

1.3.1　数据可视化的概念与分类

人类的创造性不仅取决于人类的逻辑思维，还取决于人类的形象思维。将数据映射为视觉符号，充分利用人们的杰出视觉来获取大数据中蕴含的信息。只有将大数据变成形象可视化之后才能激发人的形象思维与想象力。由于数据可视化的范围不断扩大，导致数据可视化成为一个不断发展与动态变化的概念。

数据可视化包括 3 种类型：科学可视化、信息可视化和数据可视化。

- 科学可视化是解释大量数据的最有效手段，因而首先应用在科学与工程计算领域中，并发展为科学可视化的研究领域。其主要过程是建模和渲染。
- 信息可视化是跨学科领域的大规模非数值型信息资源的视觉展现，帮助人们理解和分析数据。信息可视化致力于创建以直观方式传达抽象信息的手段和方法。
- 数据可视化是关于数据的视觉表现形式的研究。将大型数据集中的数据以图形图像形式表示，主要借助图形化手段，清晰有效地传达与沟通信息。

1.3.2　数据信息的展示方式

数据显示是将系统内部或外部存储器中的数据以可见或可读的形式进行输出，包括数据值直接显示、数据表显示、各种统计图形显示等形式。在地理信息系统中，反映空间信息的数据还能以图形或图像的形式显示。数据显示除与数据本身有关外，还与显示设备有关。对于高分辨彩色显示器、彩色绘图机等，不仅显示精度高，还可利用不同颜色表示不同数值。对于单色显示器、打印机等，需设计不同显示符号来表示不同数值，以增强显示效果。

1. 列表

将实验数据按一定规律用列表方式表达出来是记录和处理实验视觉最常用的方法。表格的设计要求对应关系清楚、简单明了、有利于发现相关量之间的物理关系，实验数据统计表格示例如图 1-5 所示，根据实际需求还可以列出除原始数据外的计算栏目和统计栏目等。

成分名称	含量	成分名称	含量	成分名称	含量
可食部	100	水分（g）	0.1	能量（kCal）	899
能量（KJ）	3761	蛋白质（g）	0	脂肪（g）	99.9
碳水化合物（g）	0	膳食纤维（g）	0	胆固醇（mg）	0
灰分（g）	0.1	维生素A（mg）	0	胡萝卜素（mg）	0
视黄醇（mg）	0	硫胺素（μg）	0	核黄素（mg）	0
尼克酸（mg）	0	维生素C（mg）	0	维生素（T）（mg）	42.06
a-E	17.45	（β-γ）-E	19.31	δ-E	5.3
钙（mg）	12	磷（mg）	15	钾（mg）	1
钠（mg）	3.5	镁（mg）	2	铁（mg）	2.9
锌（mg）	0.48	硒（mg）	0	铜（mg）	0.15
锰（mg）	0.33	碘（mg）	0		

图 1-5　实验数据

2. 作图

作图法可以直观地表达物理量之间的变化关系。从图线上还可以简单快速地计算出实验需要的某些结果，如直线的斜率和截距值等，读出没有进行观测的对应点（内插法），或在一定条件下从图线的延伸部分读取到测量范围以外的对应点（外推法），如图1-6所示。

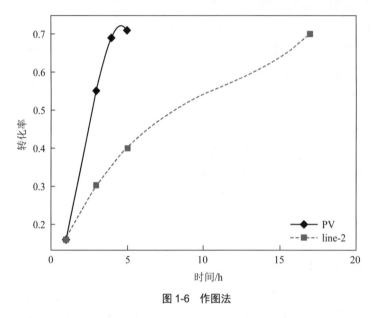

图 1-6　作图法

3. 图表

（1）直方图

直方图是将一个变量的不同等级的相对频数用矩形块标绘的图表。直方图又称柱形图、质量分布图，是一种统计报告图。直方图中一系列高度不等的纵向条纹或线段表示数据分布的情况，如图1-7所示。

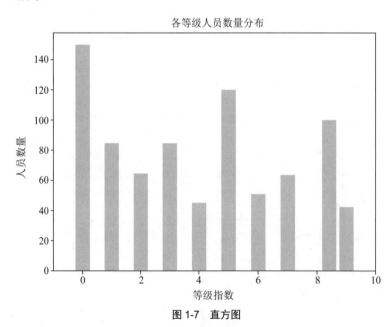

图 1-7　直方图

（2）散点图

散点图表示因变量随自变量变化的大致趋势，据此可以选择合适的函数对数据点进行拟合，如图 1-8 所示。

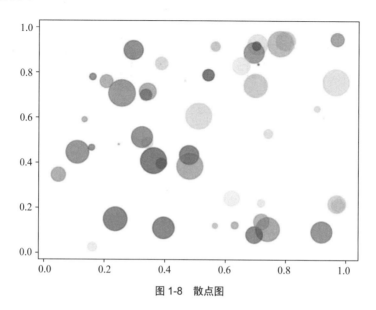

图 1-8 散点图

1.4 数据可视化技术

本节主要介绍数据可视化技术。

1.4.1 数据可视化技术的概念

数据可视化技术是一个处于不断演变之中的概念，其边界在不断扩大。数据可视化技术主要是指技术上较为高级的技术方法，这些技术方法允许利用图形、图像处理、计算机视觉及用户界面，通过表达、建模和对立体、表面、属性及动画的显示，对数据加以可视化解释。与立体建模之类的特殊技术方法相比，数据可视化所涵盖的技术方法要广泛得多。

在获得计算机图形学发展后，先后经历了科学可视化、信息可视化和数据可视化 3 个阶段。最初由科研人员提出科学建模和数据的可视化需求，进入 20 世纪 90 年代后，出现大量单机数据可视化需求，Excel 是这个时期的代表，互联网时代各种产品兴起，大数据爆发式增长，促使数据可视化技术飞速发展。

借助图形化的手段，数据可视化可以清晰、快捷、有效地传达与沟通信息。从用户的角度来看，数据可视化可以让用户快速抓住要点信息，让关键的数据点经由用户的眼睛快速直达用户的心灵深处。数据可视化通常具备如下 3 个特点：准确性、创新性、简洁性。

1.4.2 常用的可视化技术方法

1. 面积可视化

面积可视化对同一类图形（如柱状、圆环等）的长度、高度和面积加以区别，以清晰地表达不同指标对应的值之间的对比情况，如图 1-9 所示。

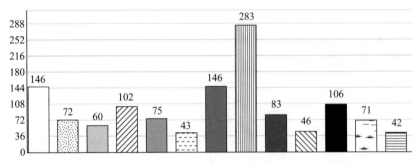

图 1-9　柱形图

2. 颜色可视化

颜色可视化通过颜色的深浅来表达指标值的强弱和大小，是数据可视化设计的常用方法，用户一眼便可看出哪部分指标的数据值更突出。

图 1-10 所示为上海二手房的房屋分布热力图，通过对上海地图单位的划分，用不同的颜色来代表不同的房屋分布密度，全上海的二手房状况便尽收眼底了。

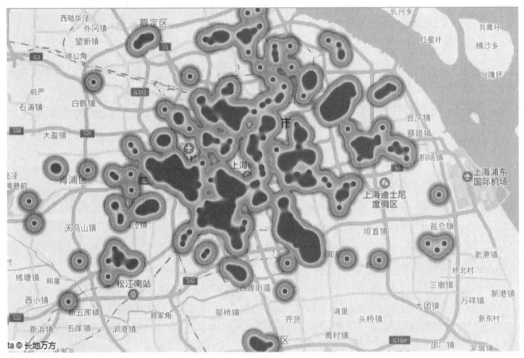

图 1-10　颜色可视化图

3. 图形可视化

在设计指标及数据时，结合有对应实际含义的图形，会使数据图表展现得更加生动，更便于用户理解图表要表达的主题。

图 1-11 所示为各类不同型号的手机在某个月的销售数量，可以让用户第一眼就能看到这些图的大小，直观而清晰。

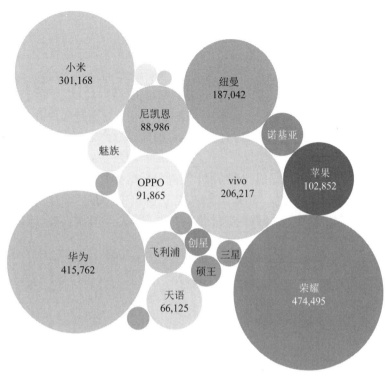

图 1-11 图形可视化

4. 地域可视化

当指标数据要表达的主题与地域有关联时，一般会选择以地图为大背景。这样用户可以直观地了解整体的数据情况，同时也可以根据地理位置快速定位到某一地区来查看详细数据。

5. 概念可视化

通过将抽象的指标数据转换成熟悉的容易感知的数据，使用户更容易理解图形要表达的意义。

图 1-12 所示为一张广告图，用了概念转换的方法，让用户清晰地感受到用纸量之多。如果只是描述擦手纸的量及堆积可达高度，观看者可能还没有什么概念，但当看到用纸的堆积高度比世界最高建筑还高，同时需砍伐 500 多棵树时，想必观看者的节省纸张甚至禁用纸张的情怀便油然而生了。由此可见用概念转换的方法是多么重要和有效。

 >  =

园区2012年擦手纸带10416000张，　　　世界最高建筑　　　　　需砍伐520.8棵树
堆高可达916m　　　　　　　　　迪拜塔的高度为818m

图 1-12 概念图

1.5 数据挖掘可视化

数据挖掘是指在大量的数据中挖掘出信息，通过认真分析来揭示数据之间有意义的联系、趋势和模式。数据挖掘技术是指为了完成数据挖掘任务所需要的全部技术。

与数据挖掘相近的词还有数据融合、数据分析和决策支持等。这个定义包括如下几层含义：数据源必须是真实的、大量的、含噪声的；发现的是用户感兴趣的知识；发现的知识要可接受、可理解、可运用；并不要求发现放之四海皆准的知识，仅支持发现特定的问题。

数据挖掘的目标是建立一个决策模型，根据过去的行动数据来预测未来的行为。例如，分析一家公司的不同用户对公司产品的购买情况，进而分析出哪类客户会对公司的产品有兴趣。在讲究实时、竞争激烈的网络时代，若能事先破解消费者的行为模式，是公司获利的关键因素之一。数据挖掘是一门交叉学科，它涉及数据库、人工智能、统计学、可视化等不同的学科和领域。

数据挖掘是从大量数据中寻找规律的技术，主要包括数据准备、规律寻找和规律表示 3 个步骤，因此，认为数据挖掘必须包括以下因素：

- 数据挖掘的本源：大量、完整的数据。
- 数据挖掘的结果：知识、规则。
- 结果的隐含性：需要一个挖掘过程。

下面介绍 4 种数据挖掘可视化方法。

1.5.1 文本挖掘

文本挖掘是将不同的文档进行比较之后，对文档的重要性和相关性进行排列，以整理出文档的模式和趋势。文本挖掘的处理过程包括对大量文档集的内容进行预处理、特征提取、结构分析等，其中不仅需要处理结构化和非结构化文档数据，还需要处理复杂的语义关系。文本挖掘流程如图 1-13 所示。

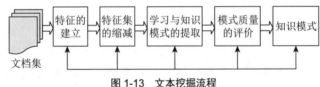

图 1-13　文本挖掘流程

文本是指从文档中抽取关键信息，用简洁的形式对文档内容进行摘要或解释，使得用户不需要浏览全文就可以了解文档或文档集合的总体内容。文本总结在有些场合非常有用，例如，搜索引擎在向用户返回查询结果时，通常需要给出文档的摘要。目前，绝大部分搜索引擎采用的方法是简单地截取文档的前几行。在对文档进行特征提取前，需要先进行文本信息的预处理：对英文而言，需进行词干提取（Stemming）处理；中文的情况则不同，因为中文的词与词之间没有固有的间隔符，所以，需要进行分词处理。在中文信息处理领域，对中文自动分词研究已经比较多了，提出了一些分词方法，如最大匹配法、逐词遍历匹配法、最小匹配法等。

1.5.2　Web 挖掘

Web 挖掘是指从与 WWW 有关联的资源及行为中获取有用的模式和隐含的信息。Web 中含有大量信息和超链接信息、Web 页面的访问和使用信息,这些信息是进行 Web 挖掘的重要资源。

Web 挖掘流程图如图 1-14 所示。

Web 挖掘可以分为 3 类:Web 内容挖掘、Web 结构挖掘和 Web 使用记录挖掘。其中,Web 结构挖掘的对象是 Web 本身的超链接,包括页面内部的结构及页面之间的结构。对于

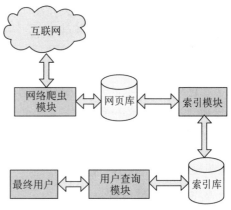

图 1-14　Web 挖掘流程图

给定的 Web 文档集合,运用引用分析方法找到同一网站内部及不同网站之间的链接关系,通过算法发现它们之间的链接情况的有用信息。挖掘 Web 结构信息对于导航用户浏览行为、改进站点设计、评价页面的重要性等都非常重要。Web 结构挖掘通常需要 Web 的全局数据,因此,在个性化搜索引擎或主题搜索引擎研究领域得到了广泛的应用。

1.5.3　多媒体数据挖掘

多媒体数据类型包括图形、视频、音频时空数据和超文本等,隐藏了大量有价值的知识,而多媒体数据的挖掘是综合分析大量多媒体数据的试听特征与语义,利用多媒体的时间、空间、视觉特性、视听对象及运动特性,挖掘具有一定价值的、能够理解的知识模式,找出实践的趋势及关联性。

因此,多媒体数据集中必定存在关于信息主体的特征、属性及它们之间的关系,或者存在某些人们从直观上无法得到的模式。多媒体数据挖掘是一种智能的数据分析,旨在从特定的多媒体数据集中发现必要的结果来用于决策、对策及融合分析。例如,在 MMMiner(MultiMediaMiner,多媒体挖掘)中查找包含人脸的所有图像,用户界面上就会逐步显示不同国家、不同肤色、不同表情的人脸,而不是显示一些猴脸或马脸。由此可见,多媒体挖掘就是从大量的多媒体数据集中,通过综合分析视听特性和语义,发现隐含的、有效的、有价值的、可理解的模式,得出事件的趋向和关联,为用户提供问题求解层次的决策支持能力。

1.5.4　时空数据挖掘

时空数据挖掘是指从海量、高维、高噪声和非线性的时空数据中提取隐含的、人们事先不知的、潜在的有用信息及知识的过程。时间维度和空间维度的存在增加了时空数据挖掘的复杂性。

随着传感器网络、手持移动设备等的普遍应用,遥感卫星和地理信息系统等的显著进步,人们获取了大量的地理科学数据。这些数据内嵌于连续空间,并且随时间动态变化,具有很大程度的特殊性和复杂性。实际上,在很多应用领域,如交通运输、气象研究、地震救援、犯罪分析、公共卫生与医疗等,在问题求解过程中需要同时考虑时间和空间两方面因素。随着信息技术的发展,人们已经不满足于单纯的时空数据的存储和展现,而是需要更先进的手段帮助理解时空数据的变化。如何从这些复杂、海量、高维、高噪声和非线性的时空数据中挖掘出隐含

的时空模式，对这些模式进行分析从而提取出有价值的信息并用于商业活动，是对时空数据挖掘及分析技术的一项极大的挑战。

根据时空对象的不同，时空预测有不同的分类，大致可以分为3类：面向时空数据的位置和轨迹预测、密度和事件预测、结合空间的时间序列预测。

1. 面向时空数据的位置和轨迹预测

面向时空数据的位置预测主要是基于时空对象的特征构建预测模型来预测时空对象所在的具体空间位置。对于实时物流、实时交通管理、基于位置的服务和GPS导航等涉及时空数据的应用而言，预测单个或者一组对象未来的位置或目的地是至关重要的，它能使系统在延误的情况下采取必要的补救措施，避免拥堵，提高效率。

2. 密度和事件预测

某个区域的对象密度定义为在给定时间点该区域内对象数与该区域大小之比。这是一些对象随时间变化而呈现出的一个全局特征。面向时空数据的密度预测主要应用于实时交通管理，会给及时改善交通拥堵带来很大助益。例如，交通管理系统通过密度预测，可以识别出道路中的密集区域，从而帮助用户避免陷入交通阻塞，并采取有效措施，及时缓解交通拥堵。此外，面向时空数据的事件预测可以根据历史数据（时间序列），结合地理区域密度估计（发现重要特征和时空地点）来预测给定空间位置和时间范围内的概率密度，譬如，基于过去犯罪事件发生的地点、时间和城市经济等特征预测给定区域和时间段内犯罪发生的概率，进而检测犯罪率发展趋势，有效降低城市犯罪率。

3. 结合空间的时间序列预测

结合空间的时间序列预测是从时间的角度来考虑时空数据。与传统的时间序列不同的是，与空间有关的时间序列彼此不是独立的，而是和空间相关的。例如，可以首先构造时间序列模型以获取每个独立空间区域的时间特性；然后构造神经网络模型拟合隐含的空间相关性；最后基于统计回归，结合时间和空间进行预测，获得综合预测。

1.6 本章习题

一、填空题

1. 大数据指在一定时间内无法使用常规软件工具进行_____、_____和_____的数据集合。

2. 麦肯锡全球研究所给出的大数据定义是一种规模大到在_____、_____、_____、_____方面超出了传统数据库软件工具能力范围的数据集合。

3. 从技术上看，大数据与_____的关系就像一枚硬币的正反面一样密不可分。

4. 大数据最小的基本单位是_____。

5. 数据可视化信息展示方式包括_____、_____（两种）。

6. 可视化被分为3种类型，如_____、_____、_____。

7. 大数据可以分为_____、_____、_____、_____等领域。

8. FMEA是一种可靠性设计的重要方法，是以_____和_____的组合。

9. 常用可视化技术方法有_____、_____、_____、_____、_____。

10. 数据挖掘可视化有_____、_____。

二、问答题

1. 大数据结构可以从哪 3 个层面展开？

2. 大数据基本单位有哪些？（写出 4 种）

3. 设计方式 FMEA 是什么？

4. 大数据信息展示方式的列表是什么意思？

5. 信息展示方式的图表有哪些？举例 1 ～ 2 种。

6. 简介数据可视化的 3 种类型。

7. 常用可视化技术方法有哪些？

8. 数据挖掘可视化中的文本挖掘是什么？

第2章
Excel 图表可视化

本章学习目标:

- 掌握 Excel 的基本操作。
- 掌握数据采集、数据存储、数据处理和数据分析。
- 学会使用 Excel 实现数据可视化的案例。

本章首先介绍 Excel 的功能和基本操作;然后介绍如何使用 Excel 实现可视化。

2.1 Excel 简介

Microsoft Office Excel 是电子数据表程序(进行数字和预算运算的软件程序),是最早的 Office 组件。Excel 内置了多种函数,可以对大量数据进行分类、排序、绘制图表等。

1. Excel 的功能

Excel 的功能如图 2-1 所示。

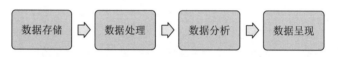

图 2-1 Excel 的功能

2. Excel 中的重要概念

在 Excel 中有以下几个重要概念:

- 文件类型:Excel 的几种常用文件类型包括 XLS/XLSX 工作簿文件、XLW 工作区文件。
- 工作簿:Excel 环境中用来存储并处理工作数据的文件,即 Excel 文档。
- 工作表:显示在工作簿窗口中的表格。
- 单元格:工作表的基本单位,由行标和列标唯一确定。

3. Excel 界面

Excel 界面展示如图 2-2 所示。

4. Excel 单元格数字格式

在 Excel 中,系统数字格式效果如图 2-3 所示。除了系统定义的数字格式,用户还可以根据规定自定义数字格式,例如,yyyy/mm/dd 表示 2023/03/01,而 yyyy/mm/dd 表示 2023/Jan/Thu,具体的自定义格式可根据实际情况制定。

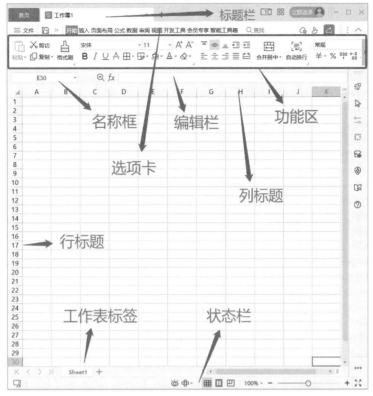

图 2-2 Excel 界面

类型	原格式	转变后的格式
数值	−25636	−25636.00
货币	10000	￥10,000.00
会计专用	1555	￥1,555.00
日期	49814	2030−11−27
百分比	0.11	11.00%
分数	0.6	3/5
科学计数	120014	1.20E+0.5
文本	2422	2422
特殊	25368	二万五千三百六十八

图 2-3 Excel 中的系统数字格式效果

自定义数字格式如图 2-4 所示。

图 2-4 Excel 自定义数字格式设置

5. Excel 的基本操作

（1）查找与替换

- 按值查找或按格式查找：使用 Ctrl+F 组合键调出"查找和替换"对话框，根据值进行操作。
- 模糊查找：使用 Ctrl+F 组合键调出"查找和替换"对话框，然后使用通配符（*、?、~）进行操作。通配符的含义如下：
  - *：全通配。
  - ?：单字符统配。
  - ~：将 * 和 ? 转换为普通字符，而不作为通配符使用。

（2）定位

- 定位：通过名称框定位单元格及区域位置。
- 定义名称：在 Excel 中用户可选中工作表中常用的区域并定义名称，之后可在名称框中输入名称进行定位。
- 使用定位条件：按 Ctrl+G 组合键，再按 Alt+S 组合键，可根据条件进行定位操作。

（3）筛选

- 自动筛选：在"开始"选项卡中选择"排序和筛选"→"筛选"命令，进行数值筛选 / 文本筛选等。
- 高级筛选：在"数据"选项卡的"排序和筛选"选项组中单击"高级"按钮，将弹出"高级筛选"对话框，可以使用高级筛选完成一些自动筛选不能完成的逻辑运算，如"或"关系。

（4）分类汇总

分类汇总即把资料进行数据化后，先按照某一标准进行分类，然后在分完类的基础上对各类别的相关数据分别进行求和、求平均数、求个数、求最大值、求最小值等方法的汇总。

6. Excel 图表元素说明

下面先来认识图表中的元素。图表中的元素可用"七块积木 + 一个核心"概括，七块积木分别为①图表标题、②坐标轴标题、③图例、④数据标签、⑤模拟运算表、⑥坐标轴（线条 + 刻度 + 标签）、⑦网格线；一个核心为主次坐标系，如图 2-5 所示。

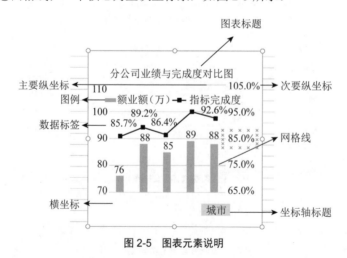

图 2-5　图表元素说明

2.2　Excel 实现可视化案例

使用 Excel 实现可视化的操作步骤如下：

Step01 向工作表中输入数据或自行添加类似数据。数据内容如图 2-6 所示。

Step02 右击任一数据，在弹出的快捷菜单中选择"设置单元格格式"命令，比较不同数据的单元格数字格式有何不同，如图 2-7 所示。

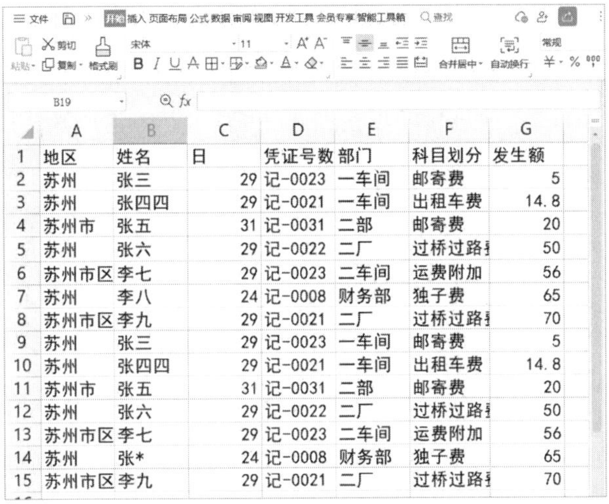

图 2-6　输入数据

图 2-7　不同的数字格式

Step03 在"开始"选项卡的"编辑"选项组中单击"查找和选择"按钮，在弹出的下拉菜单中选择"替换"命令，弹出"查找和替换"对话框。

在"查找内容"文本框中输入"苏州"，在"替换为"文本框中输入"苏州市"，勾选"单元格匹配"复选框，如图 2-8 所示。单击"全部替换"按钮，将"苏州"全部替换为"苏州市"。同理，将"苏州市区"也全部替换为"苏州市"，结果如图 2-9 所示。

图 2-8　替换操作

图 2-9　替换的结果

Step04 任选几组数据，右击，在弹出的快捷菜单中选择"插入批注"命令，如图 2-10 所示。

在"开始"选项卡的"编辑"选项组中单击"查找和选择"按钮，在弹出的下拉菜单中选择"定位条件"（Alt+S）命令，在弹出的"定位条件"对话框中选择"批注"单选按钮，然后单击"确定"按钮。结果使用了定位工具，定位到了前面插入批注的单元格。

添加批注后，单元格的格式如图 2-11 所示。

地区	姓名	日	凭证号数	部门	科目划分	发生额
苏州	张三	29	记-0023	一车间	邮寄费	5.00
苏州	张四四	29	记-0021	一车间	出租车费	14.80
苏州市	张五	31	记-0031	二部	邮寄费	20.00
苏州	张六	29	记-0022	二厂	过桥过路费	50.00
苏州市区	李七	29	记-0023	二车间	故障	
苏州	李八	24	记-0008	财务部	听阴天说什么：	
苏州市区	李九	29	记-0021	二厂		
苏州	张三	29	记-0023	一车间		
苏州	张四四	29	记-0021	一车间	出租车费	14.80
苏州市	张五	31	记-0031	二部	邮寄费	20.00
苏州	张六	29	记-0022	二厂	过桥过路费	50.00
苏州市区	李七	29	记-0023	二车间	运费附加	56.00
苏州	张*	24	记-0008	财务部	独子费	65.00
苏州市区	李九	29	记-0021	二厂	过桥过路费	70.00

图 2-10　插入批注

	A	B	C	D	E	F	G
1	地区	姓名	日	凭证号数	部门	科目划分	发生额
2	苏州	张三	29	记-0023	一车间	邮寄费	5.00
3	苏州	张四四	29	记-0021	一车间	出租车费	14.80
4	苏州市	张五	31	记-0031	二部	邮寄费	20.00
5	苏州	张六	29	记-0022	二厂	过桥过路费	50.00
6	苏州市区	李七	29	记-0023	二车间	运费附加	56.00
7	苏州	李八	24	记-0008	财务部	独子费	65.00
8	苏州市区	李九	29	记-0021	二厂	过桥过路费	70.00
9	苏州	张三	29	记-0023	一车间	邮寄费	5.00
10	苏州	张四四	29	记-0021	一车间	出租车费	14.80
11	苏州市	张五	31	记-0031	二部	邮寄费	20.00
12	苏州	张六	29	记-0022	二厂	过桥过路费	50.00
13	苏州市区	李七	29	记-0023	二车间	运费附加	56.00
14	苏州	张*	24	记-0008	财务部	独子费	65.00
15	苏州市区	李九	29	记-0021	二厂	过桥过路费	70.00

图 2-11　添加注释

Step05 筛选数据。

选中第一行数据，单击"数据"选项卡中的"筛选"图标按钮，表头出现下拉框。单击"部门"后的下三角按钮，在下拉列表中只勾选"财务部"复选框，将部门为"财务部"的数据筛选出来，如图 2-12 所示。

	A	B	C	D	E	F	G
1	地区	姓名	日	凭证号	部门	科目划	发生额
4	苏州市	李八		24	记-0008	财务部	独子费	65
5	苏州市	张*		24	记-0008	财务部	独子费	65

图 2-12　筛选功能

Step06 数据分析（分类汇总、函数与公式）。

继续使用前面已经排好序的数据。单击"数据"选项卡中的"分类汇总"图标按钮，在"分类字段"下拉列表框中选择"部门"，在"汇总方式"下拉列表框中选择"求和"，在"选定汇总项"列表框中勾选"发生额"复选框，如图 2-13 所示。单击"确定"按钮，这样工作表中就会显示汇总后的数据。还可以通过切换左上角的序号来查看汇总明细，如图 2-14 所示。

Step07 认识函数与公式。

函数的使用方法：以等号开头，函数名在中间，以括号结尾，括号中间写参数。

函数公式能够在编辑栏中显示，如图 2-15 所示。

简单的函数及其功能如下：

- SUM：求和。
- AVERAGE：求平均。
- MAX：求最大值。
- MIN：求最小值。

图 2-13　分类汇总

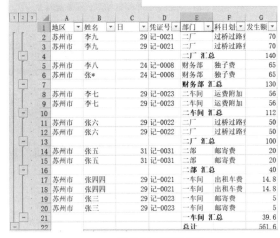

图 2-14　汇总明细

Step 08 数据可视化。

向工作表中输入数据，选中数据，切换到"插入"选项卡，在"图表"选项组中选择"条形图"→"二维条形图"→"堆积条形图"，Excel 根据选中的数据自动生成一张堆积条形图，如图 2-16 所示。

图 2-15　Excel 公式

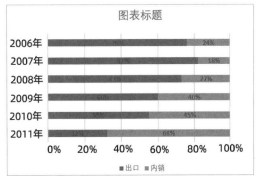

图 2-16　堆积条形图

Step 09 设置次要坐标系。

在图 2-16 中选中内销数据，右击，在弹出的快捷菜单中选择"设置数据系列格式"命令，在弹出的"设置数据系列格式"对话框中选择"次坐标轴"单选按钮，设置次要坐标，如图 2-17 所示。

Step 10 将垂直坐标轴的标签设置为高。选中坐标轴，右击，在弹出的快捷菜单中选择"设置坐标轴格式"命令，在弹出的"设置坐标轴格式"对话框中将"标签位置"设置为"高"，如图 2-18 所示。

Step 11 设置坐标轴数字格式。在"设置坐标轴格式"对话框中对坐标轴数字格式进行设置，具体设置如图 2-19 所示。

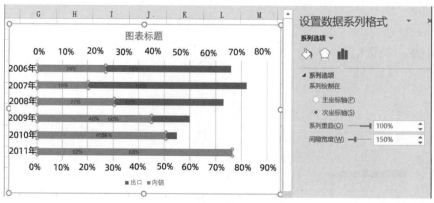

图 2-17　设置次要坐标系

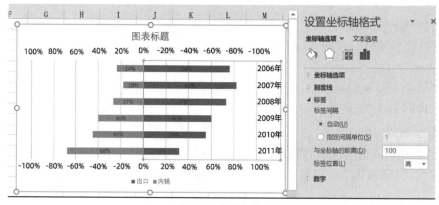

图 2-18　设置标签

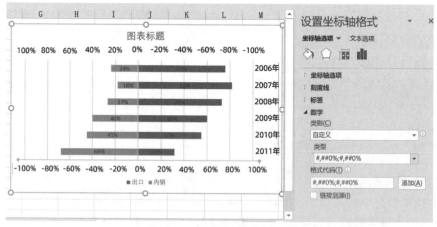

图 2-19　设置坐标轴数字格式

Step 12 设置主要坐标轴刻度线为外部，删除次要坐标轴与网格线，具体设置如图 2-20 所示。

Step 13 设置图表区背景为图片。选中图表区，右击，在弹出的快捷菜单中选择"设置图表区域格式"命令，在弹出的对话框中选择"图片或纹理填充"单选按钮，选择素材图片，如图 2-21 所示。

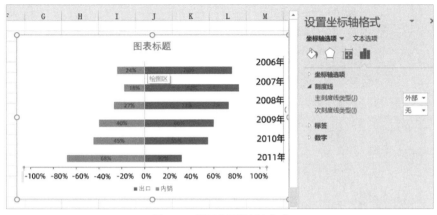

图 2-20　设置坐标轴刻度格式

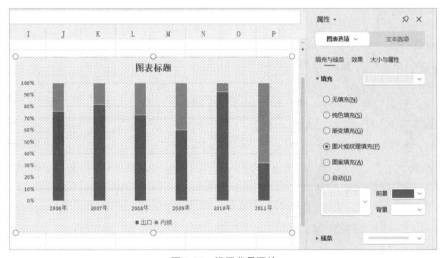

图 2-21　设置背景图片

背景图无固定要求，读者可选择自己喜欢的素材图片来进行设置。

Step14 调整条形颜色与间距，具体设置如图 2-22 所示。

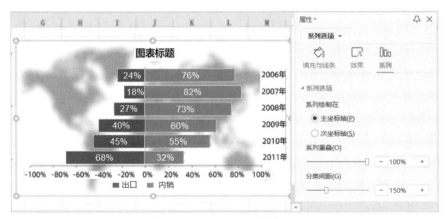

图 2-22　设置条形颜色与间距

Step15 美化图表（整理图例、标题等），效果如图 2-23 所示。

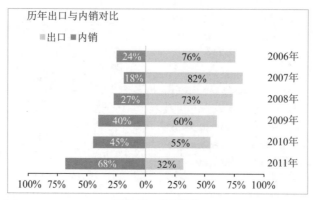

图 2-23　美化结果

2.3　本章习题

一、单选题

1. Excel 中下面哪个数据格式能表示时间 2023/04/01 ？（　　　）

　　A. yy/m/dd　　　　　　B. yyyy/mm/dd　　　　　C. yyy/m/dd　　　　　D. yyy/mmm/ddd

2. 将两组数据值域差距较大的数据绘制在一张图上，应该（　　　）。

　　A. 调整坐标轴值域　　B. 删除坐标轴　　　　C. 添加次坐标系　　　D. 调整刻度线

3. Office 组件中属于表格处理的是（　　　）。

　　A. Excel　　　　　　　B. Word　　　　　　　C. PowerPoint　　　　D. Outlook

4. Excel 不能做什么？（　　　）

　　A. 数据存储　　　　　B. 数据分析　　　　　C. 数据处理　　　　　D. 数据挖掘

5. Excel 的工作簿扩展名为（　　　）。（多选）

　　A. .xls　　　　　　　　B. .xlsx　　　　　　　C. .xsl　　　　　　　　D. .xslx

二、判断题

1. Excel 中使用函数都应该以 "=" 开头。

2. Microsoft Office Word 是文字处理软件。它被认为是 Office 的主要程序。它在文字处理软件市场上拥有统治份额。

3. Microsoft Office Outlook 是微软公司推出的一款网页设计、制作、发布、管理的软件。

4. 分类汇总即把资料进行数据化后，先按照某一标准进行分类，然后在分完类的基础上对各类别进行汇总。

三、填空题

1. Excel 能完成的功能为_____、_____、_____和_____四部分。

2. 查找与替换的快捷键为_____；定位工具的快捷键为_____。

四、简答题

1. 简单介绍一下 Microsoft Office PowerPoint。

2. Excel 图表中的元素由哪些部分组成？

本章学习目标：

- 了解 Tableau 的基本原理和技术。
- 了解 Tableau 的数据分析。
- 掌握 Tableau 的可视化分析。
- 了解 Tableau 的预测分析。
- 掌握 Tableau 仪表板的分享与发布。

本章首先介绍大数据处理软件 Tableau 的基本特征；然后介绍此软件如何安装与使用，包括 Tableau 数据处理、计算；接着重点介绍 Tableau 的可视化操作，如图表可视化、地图可视化；最后介绍 Tableau 的预测分析，以及如何分享所创建的可视化图像。

3.1 Tableau 简介

本节主要介绍 Tableau 的基本知识，使读者能够入门 Tableau。

3.1.1 Tableau 概述

Tableau 是用于数据可视分析的商业智能工具。用户可以创建和分发交互式、可共享的仪表板，以图形和图表的形式描绘数据的趋势、变化和密度。Tableau 可以连接到文件、关系数据源和大数据源来获取和处理数据。该软件允许数据混合和实时协作，这使得它非常独特。在企业、学术机构及许多政府机构，都会使用 Tableau 进行视觉数据分析。

Tableau 算是数据可视化比较容易入门的软件，只需简单地拖曳，就可以将各种类型的数据以多种图表的形式反映出来，然后将它们嵌入文档或者网页中。即便不是专门从事数据可视化方面的工作，也有必要学习 Tableau，可以通过它将数据组织好以后放入 Word 或者 PPT 中。

数据可视化技术是 Tableau 的核心，主要包括以下两个方面：

- 独创的 VizQL 数据库。Tableau 的初创合伙人是来自斯坦福大学的数据科学家，他们为了实现卓越的可视化数据获取与后期处理，并没有像普通数据分析类软件那样简单地调用和整合现行主流的关系型数据库，而是革命性地进行了大尺度的创新，独创了 VizQL 数据库。
- 用户体验良好且易用的表现形式。Tableau 提供了一个非常新颖且易用的使用界面，使得处理规模巨大的、多维的数据时，可以即时从不同角度看到数据所呈现出的规律。

Tableau 通过数据可视化技术，使得数据挖掘变得平民化，而其自动生成和展现出的图表，也丝毫不逊色于互联网美术编辑的水平。正是这个特点奠定了其广泛的用户基础（用户总数年均增长 126%），带来了高续订率（90% 的用户选择续订其服务）。

Tableau 主要有 3 个平台，分析数据使用的是 Tableau Desktop，直接从官网上下载 Tableau Desktop 的免费个人版即可。Tableau Desktop 的安装是一个非常直接的过程，需要接受许可协议并提供安装的目标文件夹。

3.1.2 Tableau 的工作界面

1. Tableau 工作区

Tableau 工作区包含菜单、工具栏、"数据"窗格、卡和功能区，以及一个或多个工作表。表可以是工作表、仪表板或故事。有关仪表板或故事工作区的详细信息，请参见创建仪表板或故事工作区。注：Tableau 中的卡是可视化特性，用来快速分析大量数据，帮助用户可视化和理解数据，从而帮助用户作出更好的决策。Tableau 中的故事工作区是一个可视化界面，用于帮助用户记录和展示他们的故事，创建和分享可视化演示文稿。

工作区区域如图 3-1 所示。

图 3-1　工作区

2. 工作簿区域

Tableau 的工作簿如图 3-2 所示，图中各字母标签的含义如下：

- A：工作簿名称。工作簿包含工作表，后者可以是工作表、仪表板或故事工作区。相关详细信息可参见工作簿和工作表。
- B：卡和功能区。将字段拖到工作区中的卡和功能区，可以将数据添加到视图中。
- C：工具栏。工具栏中提供快捷访问命令及分析和导航工具。
- D：单击此图标将转到"开始"页面，可以在其中连接数据。
- E：侧栏。在工作表中，侧栏区域包含"数据"窗格和"分析"窗格。
- F：单击此选项卡可以转到"数据源"页面并查看数据。
- G：状态栏。显示有关当前视图的信息。

- **H：工作表标签。标签表示工作簿中的每张工作表，是工作表、仪表板或故事工作区。**

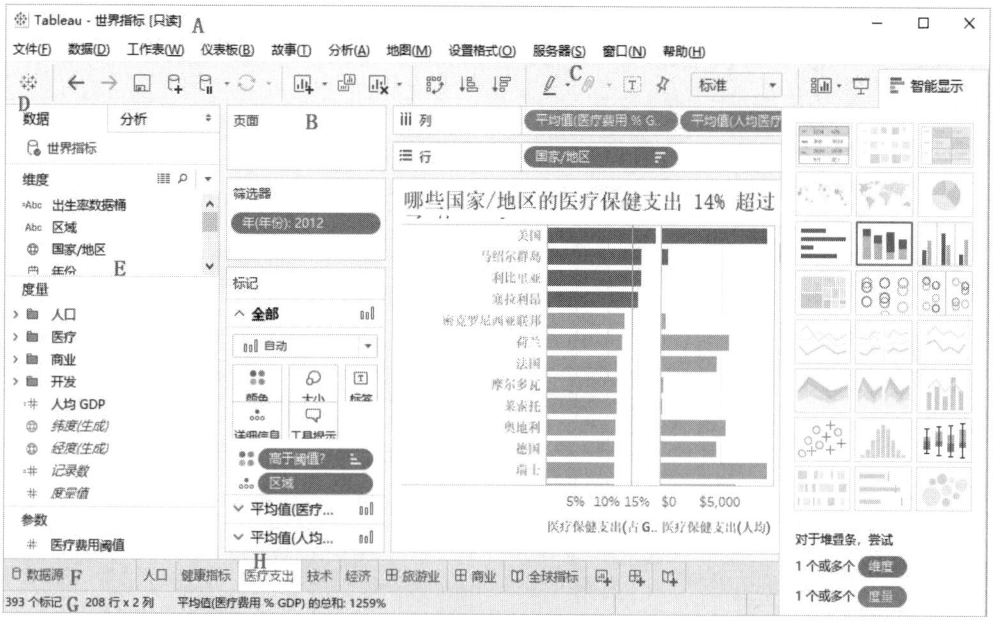

图 3-2　工作簿

3. 显示和隐藏侧栏

在编辑工作表时，侧栏包含"数据"窗格和"分析"窗格。根据要在视图中进行的操作，这时可能会看到不同的窗格，包括"数据""分析""故事""仪表板""布局"和"格式"。关于侧栏最重要的一点是可以在工作区中展开和折叠此区域。

要在 Tableau Desktop 中隐藏侧栏，可单击侧栏中的折叠按钮，如图 3-3 所示。

图 3-3　单击折叠按钮隐藏侧栏

要在 Tableau Desktop 中显示侧栏，可单击工作区左下方状态栏中的展开按钮，如图 3-4 所示。

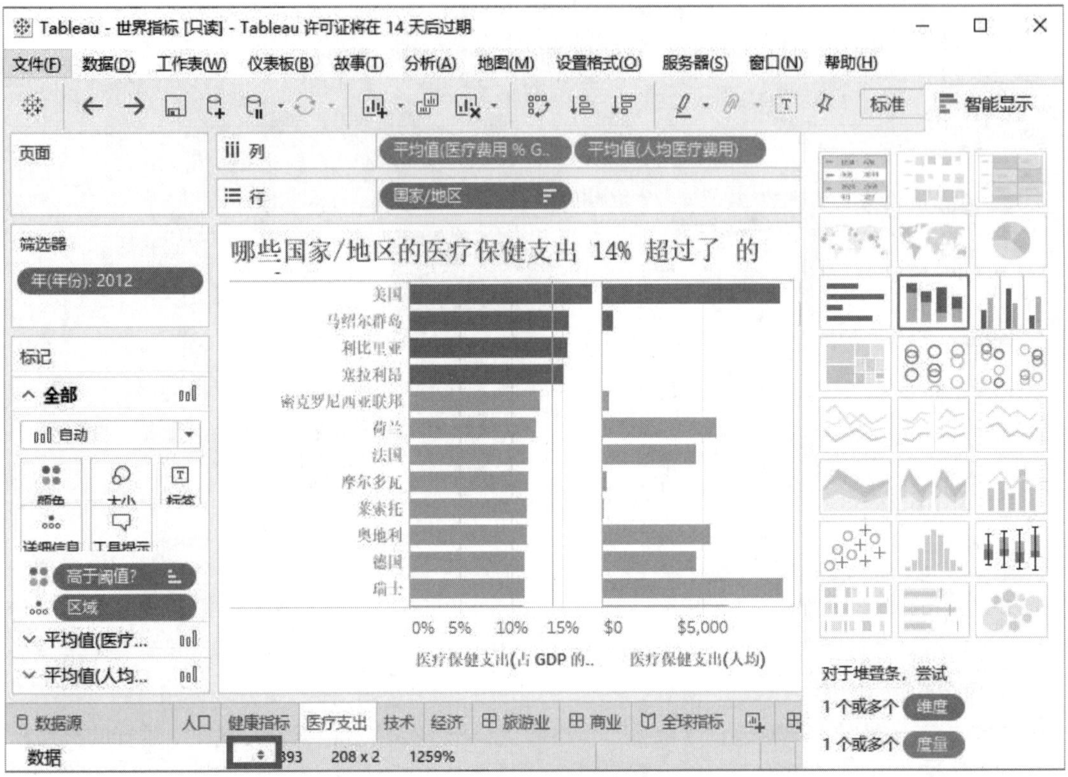

图 3-4　单击展开按钮显示侧栏

4. 状态栏信息

状态栏位于 Tableau 工作区的底部。它显示菜单项说明及当前视图的有关信息。例如，图 3-5 所示的状态栏显示该视图拥有 788 个标记，在 197 行和 4 列中显示，它还显示视图中所有标记的 SUM（度量值）为 13,448.53。可以通过单击"窗口"→"显示状态栏"来隐藏状态栏。有时，Tableau 会在状态栏的右下角显示警告图标，以指示错误或警告。

吕 数据源		人口	健康指标	医疗支出	技术
788 个标记	197 行 x 4 列		度量值 的总和: 13,448.53		

图 3-5　状态栏

5. 导入数据

打开 Tableau 软件，在界面左侧的"连接"中选择"更多…"选项，将弹出"打开"对话框，在对话框中可以选择需要导入的数据，如图 3-6 所示。

6. 导出 Tableau 数据

导出 Tableau 数据可以复制从视图中选择的数据，以便在其他应用程序中使用，也可以将工作表中的所有数据导出到 Access 数据库中。

将数据复制到剪贴板，在视图中选择要复制的数据，右击，在弹出的快捷菜单中选择"拷贝"→"数据"命令，打开其他应用程序（如 Word 或者 Excel），然后选择"编辑"→"粘贴"命令。操作页面如图 3-7 所示。

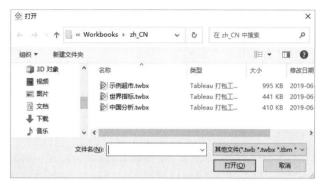

图 3-6　导入数据

注意：还可以按交叉表形式复制数据，以便在 Microsoft Excel 中使用，在快捷菜单中选择"复制"→"交叉表"命令即可。

7. 导出 Tableau 数据图像

要导出 Tableau 数据图像，可以复制视图以便在其他应用程序中使用，也可以将视图导出为图像文件。

将视图复制到剪贴板：在视图中选中要复制的图像，依次选择"工作表"→"复制"→"图像"命令，弹出"复制图像"对话框，选择要包括的内容和图例布局（如果视图包含图例），然后单击"复制"按钮，如图 3-8 所示，打开其他应用程序（如 Word 或者 Excel），然后选择"编辑"→"粘贴"命令。

注意：在某些应用程序中，可以选择"选择性粘贴"命令并指定图像的格式。

图 3-7　拷贝数据

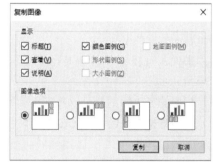

图 3-8　"复制图像"对话框

3.2　Tableau 功能介绍

本节主要对 Tableau 的功能进行介绍。

3.2.1　可视化分析概述

可视化分析主要应用于海量数据关联分析，可辅助人工操作进行数据关联分析，并作出完整的分析图表。由于可视化分析所涉及的信息比较分散、数据结构有可能不统一，而且通常以人工分析为主，再加上分析过程的非结构性和不确定性，所以，不易形成固定的分析流程或模式，很难将数据调入应用系统中进行分析挖掘。

大脑对视觉信息的处理优于对文本的处理。在数据处理的过程中，使用可视化的方法（如图表、图形等）将数据的趋势、差别、相关性等关系展示出来，将有助于人们对数据的理解与分析，特别是一些高维度、高复杂度的数据。

3.2.2　Tableau 的可视化分析

可视化界面化繁为简，用户不仅可以通过命令行输入指令，还可以通过图形界面自由拖放完成数据的查询；而通过关系型或非关系型数据库来管理、查询和展示数据可以更加高效地完成数据管理的工作。

当能够充分发挥可视化和数据库的能力时，就会从数据工作者变成数据的思考者，可以轻松完成数据的查询，随心所欲地使用数据。目前，面临的问题有以下 3 点：

（1）低效的信息展示能力。

（2）有限的数据探索能力。

（3）痛苦的用户界面。

Tableau 软件的开发思想是分析和可视化不能分家，而且必须变成一种可视化分析的过程。可视化分析具体来说包括以下几方面。

1. 数据挖掘 / 探索

可视化分析就是要支持分析推理。可视化分析的目的就是回答数据与事实相关的问题。为了支持分析，仅仅存取和报告数据是不够的，分析需要在整个过程中有强大的运算能力的支持。通常的分析包括如下几项：①筛选，突出重要的数据；②分类排序，优先次序；③分组，聚合来归纳数据；④快速完成运算，让数字变得有意义。

2. 数据可视化

可视化分析意味着分析过程支持可视化思维，也就是要采用最优的方式对信息进行可视化，从而展示数据的变化。

简单来说，可视化分析就是用视觉的方式去发现数据、发掘数据。可视化分析主要有以下两个特点：

（1）数据的变化即刻就可以看到，例如，单击一系列数据的均值，马上就能呈现出来。

（2）观看数据变化的方式即刻就能转换，例如，用直方图显示的一组数据，马上就可以用折线图来展示。

3. Tableau 条形图

条形图（Bar Chart）是用条形的高度或长短来表示数据多少的图形。条形图可以横置，也可以纵置，纵置时称之为柱形图。

描绘条形图的要素有 3 个，分别是组数、组宽度、组限。

● 组数：把数据分成几组，指导性的经验是将数据分成 5 ～ 10 组。

● 组宽度：通常来说，每组的宽度是一致的。

● 组限：分为组下限和组上限，并且一个数据只能在一个组限内。

4. Tableau 饼图

饼图的英文学名为 Sector Graph，常用于统计学模块。2D 饼图为圆形，如图 3-9 所示。饼图可以分为简单的饼图和下钻饼图。

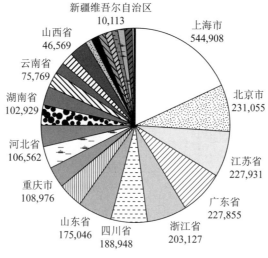

图 3-9　饼图

5. Tableau 折线图

工作表中的列或行中的数据可以绘制到折线图中。折线图可以显示随时间（根据常用比例设置）而变化的连续数据，因此，非常适用于显示在相等时间间隔下数据的变化趋势。在折线图中，类别数据沿水平轴均匀分布，所有值数据沿垂直轴均匀分布，如图 3-10 所示。

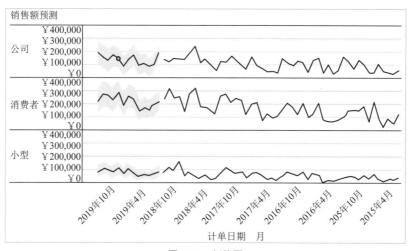

图 3-10　折线图

3.2.3　Tableau 的数据处理与计算

1. 运算符

运算符是一个符号，用于通知编译器执行特定的数学或逻辑运算。Tableau 有多个运算符用于创建计算字段和公式。

可用的运算符的类型和运算的顺序（优先级）如下：①常规运算符；②关系运算符；③逻辑运算符。

图 3-11 所示为运算符对数字、字符串及日期数据类型的示例。

2. Tableau 函数

任何数据分析都涉及大量的计算。在 Tableau 中，计算编辑器用于将计算应用于正在分析的字段。Tableau 具有许多内置函数，它们有助于创建复杂计算的表达式。

① 数字函数：用于数值计算的函数，它们只接收数字作为输入。

② 字符串函数：用于字符串操作，如图 3-12 所示。

运算符	描述	例子
+	添加两个数字或连接两个字符串	7+3 利润+销售额 \'abc\'+\'def\' =\'abcdef\'
–	减去两个数字或从日期中减去天数	False

图 3-11　运算符

LEN(string)	返回字符串的长度	LEN("Tableau")=7
LTRIM(string)	返回删除了任何前导空格的字符串	LTRIM("Tableau")=7
UPPER(string)	返回字符串，所以字母都为大写	UPPER("Tableau")= "TABLEAU"

图 3-12　字符串函数示例

③ 日期函数：Tableau 有各种日期函数来执行涉及日期的计算。所有日期函数都使用 date_part，它是一个字符串，表示日期的一部分，如年、季、月或日。

3. Tableau 数值计算

Tableau 中的数值计算使用公式编辑器中提供的大量内置函数来完成。

3.2.4　Tableau 的地图分析

地理数据有许多形状和格式。打开 Tableau Desktop 时，在首页左侧的"连接"窗格中显示可用的连接器，可以通过这些连接器来连接数据，也可以通过连接到空间文件来处理地理数据，还可以连接存储在电子表格、文本文件中服务器上的位置数据。

空间文件（如 Shapefile 或 geoJSON 文件）包含实际几何图形（如点、线或多边形），而文本文件或电子表格包含经纬度坐标格式的点位置，或者包含在引入 Tableau 时连接到的地理编码的指定位置。

1. 地图概念

数据存放在地图上的原因有很多，也许是数据源中有一些位置数据，也许是有人认为地图真的可以让数据很受欢迎。这两个都是创建地图可视化项的足够好的理由，但一定要记住，地图像任何其他类型的可视化项一样，有特定用途——它们可以回答空间问题。

2. 空间问题

在 Tableau 中制作地图是因为有空间问题，所以，需要使用地图来了解数据中的变化趋势或模式。

空间问题示例如下：

①哪个省／自治区／直辖市的农贸市场最多？

②中国的肥胖率高发区在哪里？

③所在城市的每条地铁线路中哪个地铁站是最繁忙的？

④人们按照当地的自行车共享计划在哪里借出和归还自行车？

3. Tableau 中的地图类型

使用 Tableau 可以创建以下通用地图类型：

①比例符号地图。

②面量图（填充地图）。

③点分布图。

④热图（密度图）。

⑤流线图（路径图）。

⑥蜘蛛图（起点至终点图）。

3.2.5　Tableau 的预测分析

1. Tableau 预测的工作原理

Tableau 中预测使用的是一种称为"指数平滑"的技术，该预测算法可以在数据中寻找能够延续到未来的模式，也可以在缺少日期的情况下，使用度量和整型维度来创建预测。Tableau 可以帮助用户分析数据，使用指数平滑技术可以有效获取数据并制定未来趋势。

所有预测算法都是实际数据生成过程的简单模型。为获得高质量预测，DGP 中的简单模式必须与模型所描述的模式很好地匹配。质量指标用于衡量模型与 DGP 的匹配程度，如果质量指标较低，则由置信区间测量的精度将比较低，因此，需要重新调整模型以获得更高的质量指标。

2. 指数平滑方法

Tableau 自动选择最多 8 个模型中最佳的一个，以生成最高质量的预测。Tableau 会优化每个模型的平滑参数。优化方法是全局的，因此，选择的本地最佳的平滑参数也可能是全局范围内最佳的。不过，初始值参数将根据最佳做法进行选择，但不会进一步优化，所以，初始值参数可能不是最佳的。Tableau 提供的 8 个模型属于 OTexts 网站上的"指数平滑方法的分类"中所介绍的那些模型的一部分。

指数平滑模型通过对一个固定的时间序列的过去值的加权平均值，以迭代方式来预测该序列的未来值。最简模型从上一个实际值和上一个级别值来计算下一个级别值或平滑值。该方法之所以是指数方法，是因为每个级别的值都受前一个实际值的影响，影响程度呈指数下降，即值越新权重越大。

3. Tableau 的闭合式方程

当可视化项中的数据不足时，Tableau 会自动尝试以更精细的时间粒度进行预测，然后将预测聚合回可视化项的粒度。Tableau 提供可以由闭合式方程进行模拟或计算的预测区间。所有具有累乘组件或具有集合预测的模型都具有模拟区间，而所有其他模型则使用闭合式方程。

4. Tableau 预测度量

当要预测的度量在进行预测的时间段内呈现出趋势或季节性时，带有趋势或季节性的组件的指数平滑模型十分有效。趋势就是数据随时间增加或减小的趋势。季节性是指值的重复和可预测的变化，如每年中各季节的温度波动。

通常，时间序列中的数据点越多，所产生的预测就越准确。如果要对季节性建模，则具有足够的数据就尤为重要，因为模型越复杂，就需要越多的数据才能达到合理的精度级别。如果使用两个或更多不同 DGP 生成的数据进行预测，得到的预测质量将较低，因为一个模型只能匹配一个。

5. 模型类型

在"预测选项"对话框中，可以选择 Tableau 用于预测的模型类型。对于大多数视图而言，"自动"设置通常是最佳设置。如果选择"自定义"，则可以单独指定趋势和季节特征，选择"无""累加"或"累乘"。

累加模型是对各模型组件的贡献进行求和，而累乘模型是将一些组件的贡献相乘。当趋势或季节性受数据级别的影响时，采用累乘模式可以显著提高数据的预测质量。

6. 粒度与修剪

在创建预测时，需要选择一个日期维度，指定度量日期值所采用的时间单位。Tableau 日期支持一系列时间单位，如年、季度、月和天。为日期值选择的单位称为日期的粒度。度量中的数据通常并不与粒度单位完全一致。不完整季度的值会被预测模型视为完整季度，而不完整季度的值通常比完整季度的值要小。如果允许预测模型考虑此数据，则产生的预测将不准确。解决方法是修剪该数据，从而忽略可能会误导预测的末端周期。使用"预测选项"对话框中的"忽略最后"选项来移除部分周期。默认设置是修剪一个周期。

7. Tableau 季节性

Tableau 针对一个季节周期进行测试，具有对于估计预测的时间系列而言最典型的时间长度。如果按月聚合，Tableau 将寻找 12 个月的周期；如果按季度聚合，Tableau 将寻找 4 个季度的周期；如果按天聚合，Tableau 将寻找每周季节性。因此，如果按月时间系列中有一个 6 个月的周期，Tableau 可能会寻找一个 12 个月模式，其中包含两个类似的子模式；然而，如果按月时间系列中有一个 7 个月的周期，Tableau 可能找不到任何周期。幸运的是，以 7 个月为周期的情况并不常见。

3.2.6　Tableau 的仪表板

仪表板是若干视图的集合，可以同时比较各种数据。举例来说，如果有一组需要每天都审阅的数据，那么可以创建一个一次性显示所有视图的仪表板，而不是导航到单独的工作表。

像工作表一样，可以通过工作簿底部的标签访问仪表板。工作表和仪表板中的数据是相连的，当修改工作表时，包含该工作表的任何仪表板也会更改，反之亦然。工作表和仪表板都会随着数据源中的最新可用数据一起更新。

默认情况下，Tableau 仪表板设置为使用固定大小，如果保留此设置，则务必按照将要查看的大小来构建可视化项。也可以将"大小"设置为"自动"，这会使 Tableau 根据屏幕大小自动适应可视化项的总体尺寸。这意味着，如果设计 1300×700 像素的仪表板，则 Tableau 将调整它的大小以适应小型显示器，有时这会使视图或滚动条挤成一团。"范围"调整功能可以帮助避免这一点。

应该将仪表板中包括的视图数限制为两个或三个。如果加的视图太多，则详细信息中可能会丢失视觉清晰度和重点。如果发现故事工作区的范围需要超过两个或三个视图，则可以创建更多的仪表板。发布仪表板后，如果视图太多，则可能会影响仪表板性能。有关性能的更多详细信息，请参阅"加快可视化项的速度"部分的内容。

3.2.7　Tableau 的分享与发布

当发布到 Tableau Public 时，这些视图可公开访问，这意味着将与能够访问 Internet 的任何人共享本地视图及本地基础数据。共享机密信息时，可考虑使用 Tableau Server 或 Tableau Online。

Tableau Desktop 能以全新的方式查看数据，在短短几分钟内完成关键业务问题的探索与回答，然后与他人分享见解。Tableau 提供了共享和协作选项，可以轻松实现这个目标，无论数据在本地、云端还是分散在混合部署中，只需选择能够在现有数据环境中实现最佳集成效果的Tableau 选项。

1. 发布数据源的组成部分

将数据源发布到 Tableau Online 或 Tableau Server 是维护单一数据源必不可少的一个步骤，也有助于在同事之间共享数据，包括与那些不使用 Tableau Desktop 但在 Web 编辑环境中编辑工作簿的同事共享数据。发布的数据源的更新将及时推送到所有关联的工作簿，这样有助于保持数据的一致性。

2. 选择使用用户筛选器生成工作簿

在 Tableau 服务器上，用户可以通过缩略图视图来浏览 Tableau 内容，这些缩略图图像是基于工作簿和工作表而生成的。如果工作簿包含用户筛选器，则可以指定选择哪个用户的筛选器来创建缩略图。如果希望缩略图图像显示销售额预测的所有区域，则只有被允许查看所有区域的用户生成这些缩略图。

在以下情形中，将会显示一个通用图像来替代缩略图视图：

- 被选中的用户没有查看数据的权限。
- 数据来自数据源筛选器、用户计算、模拟所得或来自其他用户。

3.3　Tableau 可视化案例

先来看一下本案例的可视化背景。3W 咖啡是一家总部位于北京市海淀区的公司，主要经营咖啡、饮料、美食、茶饮等业务，业务分布中国、美国、英国、荷兰等国家。在北京市开设有鲁谷店、门头沟店、西单店、大兴店等多个分店，消费人员多集中于商务精英、学生、退休人员。现在手中有一份 3W 咖啡的销售数据，需要对数据进行可视化处理，数据源如图 3-13 和图 3-14 所示。

日期	客户id	性别	国籍	职业	产品分类	产品名称	等级	价格	购买数量	费额()	门店名称	店长
2019/1/1	A010	女	中国	无业游民	饮料	产品13	三级	6.4	3	19.2	3W咖啡府井店	Nancy
2019/1/1	A020	女	美国	学生	咖啡	产品15	三级	48	4	192	3W咖啡西单店	Jerry
2019/1/1	A009	女	英国	学生	茶饮	产品22	三级	3.6	8	28.8	3W咖啡西单店	Jerry
2019/1/1	A012	女	美国	上班族	茶饮	产品17	三级	13.6	1	13.6	3W咖啡鲁谷店	Jerry
2019/1/1	A004	男	中国	退休	冰饮	产品10	一级	65.7	6	394.2	3W咖啡门头沟店	Simon
2019/1/1	A008	男	中国	学生	美食	产品15	三级	79.2	3	237.6	3W咖啡长城店	Jim
2019/1/1	A021	男	荷兰	无业游民	美食	产品11	一级	16.1	1	16.1	3W咖啡王府井店	Nancy
2019/1/1	A013	男	美国	无业游民	饮料	产品15	一级	30	4	120	3W咖啡大兴店	Bob
2019/1/1	A016	男	英国	无业游民	茶饮	产品21	一级	3.5	3	10.5	3W咖啡王府井店	Nancy

图 3-13　各门店目标销售额的数据源 1

门店	目标额
3W咖啡鲁谷店	670266
3W咖啡门头沟店	732623
3W咖啡公主坟店	592647
3W咖啡西单店	575295
3W咖啡望京店	737179
3W咖啡王府井店	420331
3W咖啡大兴店	571544
3W咖啡长城店	768084

图 3-14　各门店目标销售额的数据源 2

1. 折线图

现在通过展示一个月中每天销售情况的折线图来表现本月销售额的浮动趋势，横坐标代表日期，纵坐标代表销售量，如图 3-15 所示。

Step01 设置筛选器。工作表界面的"标记"功能的上方也有一个"筛选器"，单击加入筛选器后，选择"月"格式、日期字段。

Step02 设置行列名。在筛选器右上方可以看到行、列选项，对应的就是坐标 x 轴和 y 轴，在行中设置"天（日期）"，在列中设置"总和（消费额（元））"。

Step03 选择颜色。选择"标记"下方的颜色选项，可以选择你想要在图中显示什么样的颜色，例如，此面积图中选择的就是蓝色。

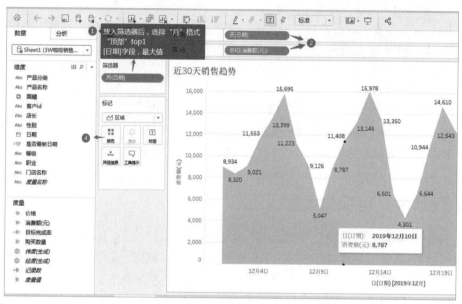

图 3-15　绘制折线图

2. 标靶图

绘制标靶图，分别展示鲁谷店、门头沟店、西单店、大兴店等各个分店在一年之内要达成指定目标的完成比例，如图 3-16 所示。

Step01 "连接数据"命令。选择"数据"→"连接数据"命令。

Step02 设置行列名称。在筛选器右上方可以看到行、列选项，对应的就是坐标 x 轴和 y 轴，在行中设置"门店名称"，在列中设置"总和（消费额（元））"。

Step03 选择标靶图。在工作表右上方可以看到"智能显示"，单击选择其中的标靶图。

Step04 检查字段。检查行、列选项中的字段名称有没有写错。

Step05 添加"完成率"字段。在工作表界面，单击左下方度量中的"完成率"字段。

Step06 选择颜色。单击颜色下方的"完成率"，对其进行颜色选择，让其标签突出完成情况。

Step07 检查设置情况。检查以上步骤是否全都设置成功。

3. 饼图

绘制饼图，展示到该咖啡店消费的男士与女士的占比情况，如图 3-17 所示。

Step01 选择维度。在工作表界面，单击左侧维度下的"性别"维度。

Step02 选择饼图。在工作表右上方可以看到"智能显示"，单击选择其中的饼图。

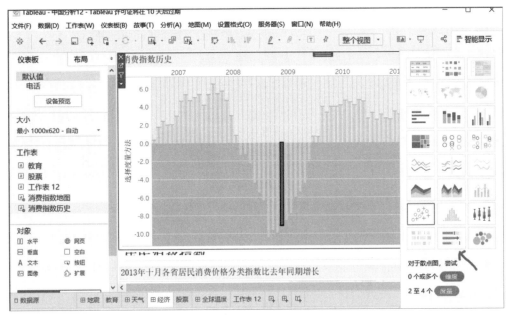

图 3-16　绘制标靶图

Step03 选择标签。在"标记"功能下方选择"标签"选项。

Step04 将标签放入图形中。拖动标签放到图中，就可以得到图 3-17 所示的效果。

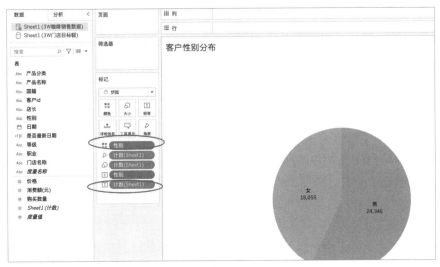

图 3-17　饼图

4. 环形图

该咖啡店的消费人群有商务精英、学生、退休人员等，各个人群的职业分布可用环形图展示，如图 3-18 所示。

Step01 选择维度。在工作表界面上单击左侧维度下的"职业"维度。

Step02 选择环形图。在工作表右上方可以看到"智能显示"，单击选择其中的环形图。

Step03 选择标签。在"标记"功能下方选择"标签"选项。

Step04 将标签放入图形中。拖动标签放到图中，就可以得到图 3-18 所示的效果。

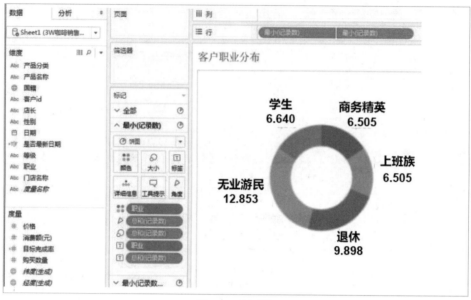

图 3-18　环形图

3.4　本章习题

一、单选题

1. Tableau 是用于（　　）数据的商业智能工具。

　　A. 可视分析　　　　　B. 用户分析　　　　　C. 商业分析　　　　　D. 网络分析

2. 在企业、学术机构及许多政府机构，都会使用 Tableau 进行视觉数据分析。作为领先的数据（　　）工具。

　　A. 图像化　　　　　B. 界面化　　　　　C. 可视化　　　　　D. 图表化

3. Tableau 工作区包含菜单、工具栏、"数据"窗格、卡和功能区，以及一个或多个（　　）。

　　A. 工作表　　　　　B. 视图表　　　　　C. 数据表　　　　　D. 画图表

4. （　　）包含工作表，后者可以是工作表、仪表板或故事。

　　A. 内存　　　　　B. 工作簿　　　　　C. 外存　　　　　D. 工作主页

5. Tableau 工作区包含菜单、工具栏、"（　　）"窗格、卡和功能区，以及一个或多个工作表。

　　A. 数据　　　　　B. 内部　　　　　C. 外部　　　　　D. 内置

6. 通过决定尺寸和度量来选择要分析的数据。尺寸是描述性数据，而度量是（　　）数据。

　　A. 数字　　　　　B. 文字　　　　　C. 图表　　　　　D. 单元格

7. 一个打开的 Tableau，得到开始页面显示各种（　　）。

　　A. 信息　　　　　B. 图表　　　　　C. 数据源　　　　　D. 链接源

8. 编辑工作表时，侧栏包含"数据"窗格和"分析"窗格。根据要在视图中进行的操作，可能会看到不同的窗格（"数据""分析""故事""仪表板""布局""（　　）"）。关于侧栏最重要的一点是可以在工作区中展开和折叠此区域。

A. 外存　　　　　　　B. 内存　　　　　　　C. 形式　　　　　　　D. 格式

二、问答题

1. 什么是 Tableau？

2. 简单介绍一下 Tableau 的使用方法。

3. Tableau 有什么功能？

4. 什么是 Tableau 仪表板？

5. Tableau 启用突出显示有哪些方法？请简要说明。

6. 怎么制作 Tableau 制作仪表板？例如现已在 Tableau 中制作完成了条形图及饼图，如何使用仪表板展示出来？

第4章
Web 可视化组件

本章学习目标：
- 理解 Highcharts 可视化的原理。
- 掌握 Highcharts 可视化组件的案例。
- 理解 d3 可视化的原理。
- 掌握 d3 可视化组件的案例。

本章首先介绍基于 Web 的可视化组件 Highcharts，内容包括如何使用该组件来创建相应的图像；然后介绍 d3.js 可视化的基本思想；最后使用 d3.js 来制作可视化各种图形的案例。

4.1 Highcharts 可视化组件

本节介绍基于 Web 可视化组件 Highcharts 及其应用。

4.1.1 Highcharts 简介

Highcharts 是一个用纯 JavaScript 语言编写的一个图表库，能够简单便捷地在 Web 网站或是 Web 应用程序中添加有交互性的图表，并且免费提供给个人学习、个人网站和非商业用途使用。

Highcharts 具有兼容性、多设备、免费使用、轻量、配置简单、动态、多维、配置提示工具、时间轴、导出、输出、可变焦、外部数据、文字旋转的特性。

Highcharts 支持的图表类型有直线图、曲线图、区域图、柱形图、饼图、散点图、仪表图、气泡图、瀑布流图等 20 种图表，其中很多图表可以集成在同一个图形中，形成混合图。

1. Highcharts 图表的组成

一般情况下，Highcharts 图表主要由标题、坐标轴、数据列、数据提示框、图例、版权标签等组成，另外还可以包括导出功能按钮、标示线、标示区域、数据标签等，如图 4-1 所示。

- 标题：图表标题，包含主标题和副标题，其中副标题是非必需的。
- 坐标轴：坐标轴包含 X 轴和 Y 轴。通常情况下，X 轴显示在图表的底部，Y 轴显示在图表的左侧。多个数据列可以共用同一个坐标轴，为了对比或区分数据，Highcharts 提供了多轴的支持。
- 数据列：即图表上一个或多个数据系列，如曲线图中的一条曲线、柱形图中的一个柱形。
- 数据提示框：当鼠标指针悬停在某点上时，以框的形式提示该点的数据，比如该点的值、数据单位等。数据提示框内提示的信息可以通过格式化函数动态指定。

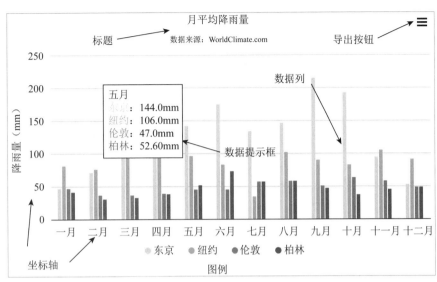

图 4-1　Highcharts 图表元素

2. 图表样式

图表样式属性包括边框、背景、外边距、内边距和其他属性等。

- 边框：包括 borderColor、borderRadius、borderWidth。
- 背景：包括 backgroundColor。
- 外边距：包括 margin、marginTop、marginRight、marginBottom、marginLeft。
- 内边距：包括 spacing、spacingTop、spacingRight、spacingBottom、spacingLeft。
- 其他属性：如字体等属性。

4.1.2　Highcharts 可视化案例

1. 折线图

月平均气温统计表的情况可以用折线图来展示，代码如下：

代码 4-1：

```html
<html>
    <head>
        <meta charset="UTF-8">
        <title>Highcharts 折线图举例 </title>
        <script src="js/jquery.js"></script>
        <script src="js/highcharts.js"></script>
    </head>
    <body>
        <div id="container" style="width: 1300px; height: 450px; margin: 0 auto"></div>
        <div id="jsoner" style="width: 1300px; height: 450px; margin: 0 auto"></div>
        <script language="JavaScript">
            $(document).ready(function() {
                var chart = {
                    type: 'line'
                };
```

```
var title = {
    text: '<b>月平均气温统计表</b>'
};
var subtitle = {
    text: '来源：国家气象网'
};
var xAxis = {
    categories: ['一月', '二月', '三月', '四月', '五月']
};
var yAxis = {
    title: {
        text: '温度 (\xB0C)'
    },
    plotLines: [{
        value: 0,
        width: 1,
        color: '#808080'
    }]
};
var plotOptions = {
    line: {
        dataLabels: {
            enabled: true             #图表中显示每个点的数值
        },
        enableMouseTracking: true     #鼠标悬停提示
    }
};
#提示后缀加单位
var tooltip = {
    valueSuffix: '\xB0C'
};
#设置图例的展示方式为右中对齐，非必需
var legend = {
    layout: 'vertical',
    align: 'right',
    verticalAlign: 'middle',
    borderWidth: 0
};
var series = [{
        name: '东京',
        data: [7.0, 6.9, 9.5, 14.5, 18.2]
    },
    {
        name: '纽约',
        data: [-0.2, 0.8, 5.7, 11.3, 17.0]
    },
    {
        name: '柏林',
        data: [-0.9, 0.6, 3.5, 8.4, 13.5]
    },
    {
        name: '伦敦',
        data: [3.9, 4.2, 5.7, 8.5, 11.9]
```

```
                }
            ];
            var json = {};
            json.chart = chart;
            json.title = title;
            json.subtitle = subtitle;
            json.xAxis = xAxis;
            json.yAxis = yAxis;
            json.plotOptions = plotOptions;
            json.tooltip = tooltip;
            json.series = series;
            $('#container').highcharts(json);
        });
    </script>
    </body>
</html>
```

绘制的折线图如图 4-2 所示。

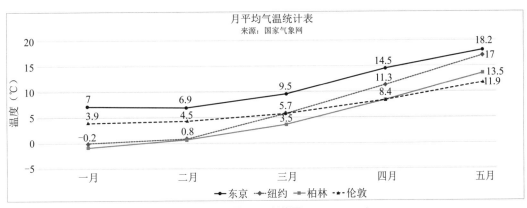

图 4-2　折线图

2. 饼图

2023 年 2 月谷歌、IE、火狐、搜狗、Opera、QQ 及其他浏览器占用的市场份额用饼图展示，代码如下：

代码 4-2：

```
Highcharts.chart('container', {
    chart: {
        plotBackgroundColor: null,
        plotBorderWidth: null,
        plotShadow: false,
        type: 'pie'
    },
    title: {
        text: '2023 年 2 月浏览器市场份额 '
    },
    tooltip: {
        pointFormat: '{series.name}: <b>{point.percentage:.1f}%</b>'
    },
    plotOptions: {
```

```
        pie: {
            allowPointSelect: true,
            cursor: 'pointer',
            dataLabels: {
                enabled: true,
                format: '<b>{point.name}</b>: {point.percentage:.1f} %',
                style: {
                    color: (Highcharts.theme && Highcharts.theme.
contrastTextColor) || 'black'
                }
            }
        }
    },
    series: [{
        name: 'Brands',
        colorByPoint: true,
        data: [{
            name: 'Chrome',
            y: 61.41,
            sliced: true,
            selected: true
        }, {
            name: 'Internet Explorer',
            y: 11.84
        }, {
            name: 'Firefox',
            y: 10.85
        }, {
            name: 'Edge',
            y: 4.67
        }, {
            name: 'Safari',
            y: 4.18
        }, {
            name: 'Sogou Explorer',
            y: 1.64
        }, {
            name: 'Opera',
            y: 1.6
        }, {
            name: 'QQ',
            y: 1.2
        }, {
            name: 'Other',
            y: 2.61
        }]
    }]
});
```

绘制的饼图如图 4-3 所示。

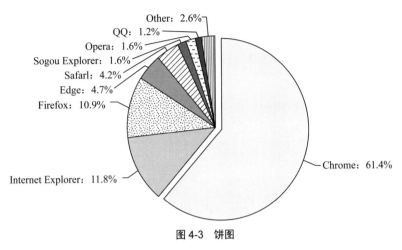

图 4-3　饼图

3. 散点图

对 507 个人按性别进行划分，使用散点图展示每个人的身高和体重，其中 X 轴代表身高，Y 轴代表体重，代码如下：

代码 4-3：

```
<html>
<head>
<meta charset="UTF-8" />
<title>Highcharts 散点图 </title>
<script src="js/jquery.js"></script>
<script src="js/highcharts.js"></script>
</head>
<body>
<div id="container" style="width: 550px; height: 400px; margin: 0 auto"></div>
<script language="JavaScript">
$(document).ready(function() {
  var chart = {
    type: 'scatter',
    zoomType: 'xy'
  };
  var title = {
    text: '多名性别个体身高与体重的比较 '
  };
  var subtitle = {
    text: '年份 '
  };
  var xAxis = {
    title: {
    enabled: true,
      text: '身高 (cm)'
    },
    startOnTick: true,
    endOnTick: true,
    showLastLabel: true
```

```
    };
    var yAxis = {
        title: {
            text: '体重 (kg)'
        }
    };
    var legend = {
        layout: 'vertical',
        align: 'left',
        verticalAlign: 'top',
        x: 100,
        y: 70,
        floating: true,
        backgroundColor: (Highcharts.theme && Highcharts.theme.legendBackgroundColor) ||
'#FFFFFF',
        borderWidth: 1
    }
    var plotOptions = {
        scatter: {
            marker: {
                radius: 5,
                states: {
                    hover: {
                        enabled: true,
                        lineColor: 'rgb(100,100,100)'
                    }
                }
            },
            states: {
                hover: {
                    marker: {
                        enabled: false
                    }
                }
            },
            tooltip: {
                headerFormat: '<b>{series.name}</b><br>',
                pointFormat: '{point.x} cm, {point.y} kg'
            }
        }
    };
    var series= [{
            name: '女性',
            color: 'rgba(223, 83, 83, .5)',
            data: [[161.2, 51.6], [167.5, 59.0], [159.5, 49.2], [157.0, 63.0],
[155.8, 53.6],[170.0, 59.0], [159.1, 47.6], [166.0, 69.8], [176.2, 66.8], [160.2,
75.2],[172.5, 55.2], [170.9, 54.2], [172.9, 62.5], [153.4, 42.0], [160.0, 50.0] ] },
    {
            name: '男性',
            color: 'rgba(119, 152, 191, .5)',
            data: [[174.0, 65.6], [175.3, 71.8], [193.5, 80.7], [186.5, 72.6],
[187.2, 78.8],[181.5, 74.8], [184.0, 86.4], [184.5, 78.4], [175.0, 62.0], [184.0,
81.6],[180.0, 76.6], [177.8, 83.6], [192.0, 90.0], [176.0, 74.6], [174.0, 71.0]] }
```

```
    ];
    var json = {};
    json.chart = chart;
    json.title = title;
    json.subtitle = subtitle;
    json.legend = legend;
    json.xAxis = xAxis;
    json.yAxis = yAxis;
    json.series = series;
    json.plotOptions = plotOptions;
    $('#container').highcharts(json);
  });
</script>
</body>
</html>
```

绘制的散点图如图 4-4 所示。

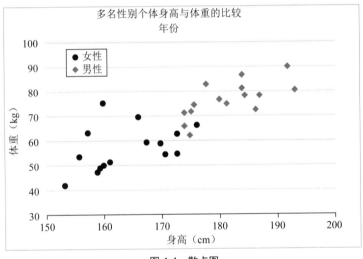

图 4-4　散点图

4. 环形图

除了饼图，还可以使用环形图展示各个浏览器的市场份额比例，代码如下：

代码 4-4：

```
<html>
<head>
<meta charset="UTF-8" />
<title>Highcharts 环形图 </title>
<script src="js/jquery.js"></script>
<script src="js/highcharts.js"></script>
</head>
<body>
<div id="container" style="width: 550px; height: 400px; margin: 0 auto"></div>
<script language="JavaScript">
var chart = Highcharts.chart('container', {
chart: {spacing : [40, 0 , 40, 0]
},title: { floating:true, text: ' 浏览器使用百分比 '
```

```
},tooltip: {
pointFormat: '{series.name}: {point.percentage:.1f}%' },
plotOptions: {
pie: {
allowPointSelect: true,
cursor: 'pointer',
dataLabels: {
enabled: true,
format: '{point.name}: {point.percentage:.1f} %',
style: {
color: (Highcharts.theme && Highcharts.theme.contrastTextColor) || 'black'
}},
point: {
events: {
mouseOver: function(e) {              # 鼠标指针滑过时动态更新标题
chart.setTitle({
text: e.target.name+ '\t'+ e.target.y + ' %'
});}}},}},
series: [{
type: 'pie',
innerSize: '80%',
name: '市场份额',
data: [
{name:'Firefox', y: 45.0, url : 'http:#bbs.hcharts.cn'},
['IE', 26.8],{
name: 'Chrome',y: 12.8,sliced: true,selected: true,url: 'http://www.hcharts.cn'
},['Safari', 8.5],['Opera', 6.2],[ '其他', 0.7] ]  }]
}, function(c) {                       # 图表初始化完毕会调用函数
var centerY = c.series[0].center[1],
titleHeight = parseInt(c.title.styles.fontSize);
c.setTitle({
y:centerY + titleHeight/2
}); });
</script>
</body>
</html>
```

绘制的环形图如图 4-5 所示。

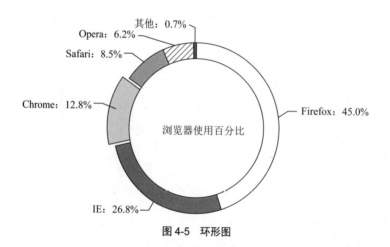

图 4-5　环形图

5. 气泡图

一共有 3 组模拟的数据列，每组数据列中又包含多个数据列，一个气泡代表一个数据列，每个气泡中有多个值，前两个值用于定位，最后一个值用于计算气泡大小，代码如下：

代码 4-5：

```
<html>
<head>
<meta charset="UTF-8">
<title>HighCharts 气泡图 </title>
<script type="text/javascript" src="js/jquery.js"></script>
<script type="text/javascript" src="js/highcharts.js"></script>
<script type="text/javascript" src="js/highcharts-more.js"></script>
<script type="text/javascript">
 $(document).ready(function() {
   $('#bubbleChart').highcharts({
     chart: {
       type: 'bubble',
       zoomType: 'xy'
     },
     title: {
       text: '气泡图 '
     },
     series: [{
       name:' 数据列 1',
       data: [[122,222,242],[123,223,243]]
     }, {
       name:' 数据列 2',
       data: [[123,225,245],[124,224,244]]
     }, {
       name:' 数据列 3',
       data: [[124,224,244],[125,223,245]]
     }]
   });
 });
</script>
</head>
<body>
 <div id="bubbleChart" style="width: 1200px; height: 550px; margin: 0 auto"></div>
</body>
</html>
```

绘制的气泡图如图 4-6 所示。

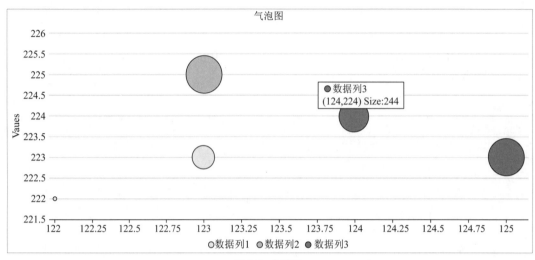

图 4-6　气泡图

4.2　d3 可视化库

本节主要介绍 d3 可视化库及其应用。

4.2.1　d3 简介

d3.js 是一个基于 Web 标准的 JavaScript 库，主要用于可视化开发。d3 可以将指定的数据生动地展现出来。d3 利用自身的可视化交互技术及数据驱动 DOM 技术，借助主流浏览器的强大功能，自由地对数据进行可视化展示。

使用 npm 包管理命令按照以下命令安装 d3：

```
npm install d3
```

此外，还可以将 d3 代码包下载到本地，在代码中加载此代码包。
也可以在代码中直接加载 d3 官网提供的在线资源包，命令如下：

```
<script src="https://d3js.org/d3.v6.js"></script>
```

d3 代码包对浏览器的性能要求比较低，它可以支持目前主流的浏览器的页面渲染功能，如 Edge、Google Chrome、Firefox、Safari 等浏览器。

4.2.2　d3 可视化案例

1. 树图

主干为 root，下面有 analytics、animate、data、display、flex、physics、query、scale、uti、vis 等分枝，每条分枝下面又有各自的枝干，使用 d3 创建 SVG 图形生成器来绘制树图，代码如下：

代码 4-6：

```
<html>
```

```
    <head>
     <script src="https://d3js.org/d3.v7.min.js" charset="utf-8"></script>
      <title>使用 d3.js 绘画树图 </title>
    </head>
    <body>
     <svg class="chart"> </svg>
     <script>
     const data = { name: "root",
     children: [
         {
             name: " 二级节点 1",
             children: [
                 {
                     name: "A",
                     value: " 叶子节点 "
                 },
                 {
                     name: "B",
                     value: " 叶子节点 "
                 }
             ]
         },
         {
             name: " 二级节点 2",
             children: [
                 {
                     name: "C",
                     value: " 叶子节点 "
                 },
                 {
                     name: "D",
                     value: " 叶子节点 "
                 }
             ]
         }
     ]};
# 设置宽度、高度及 g 容器
const width = 1060;
const height = 480;
const svg = d3.select('.chart').attr('width', width).attr('height', height);
const g = svg.append('g').attr('transform', 'translate(0, 20)');
# 获得进一步层级化的数据
const hierarchyData = d3.hierarchy(data);
console.log("————————d3.hierarchy(data)————————");
console.log(hierarchyData);
# 获取 layout
const treeLayout = d3.tree().size([width, height - 30])  # 设置 tree 的大小
    .separation((a, b) => {  # 根据是否为同一父节点设置节点距离比例
        return a.parent === b.parent ? 1 : 2;
    });
console.log("————————treeLayout————————");
console.log(treeLayout);
# 使用 treeLayout 获取易于绘图的数据
```

```
const nodesData = treeLayout(hierarchyData);
console.log("————————nodesData————————");
console.log(nodesData);
# 开始绘图
const links = g.selectAll('.links').data(nodesData.descendants().slice(1))
   .enter().append('path').attr('fill', 'none')
   .attr('stroke', '#313131').attr('stroke-width', 2)
   .attr('d', (d) => {
      return `
      M${d.x},${d.y}
      C${d.x},${(d.y + d.parent.y) / 2}
      ${d.parent.x},${(d.y + d.parent.y) / 2.5}
      ${d.parent.x},${d.parent.y}`;
   });
const nodes = g.selectAll('.node')
   .data(nodesData.descendants()).enter().append('g')
   .attr('transform', (d) => {
      return `translate(${d.x}, ${d.y})`;    });
# 画圆
nodes.append('circle')
   .style('fill', '#c03027')
   .attr('r', 10);
# 插入文字
nodes.append('text')
   .attr('dx', '.9em')
   .text((d) => {
      return d.data.name;    });
   </script>
   </body>
</html>
```

绘制的树图如图 4-7 所示。

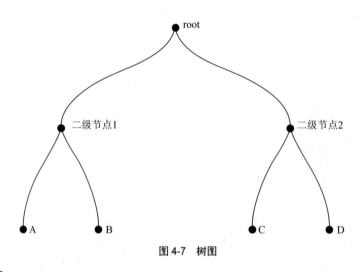

图 4-7 树图

2. 气泡图

使用 JavaScript 读取 json 数据文件，通过 d3 创建 SVG 图形生成器并赋值相关参数来绘制气泡图，代码如下：

代码 4-7:

```
<html>
<head>
<title>使用 d3.js 实现气泡图 </title>
<script src="d3/jquery.js"></script>
<script src="d3/d3.js"></script>
<script type="text/javascript">
# 此处为单击页面打开的链接
new fChart({conc_url:"http://baidu.com",stock_url:"http://sina.com",w:1500,h:600}).init();
# 构图
function force(option_){
    var width=option_.w,
        height=option_.h,
        padding=3,
        clusterPadding=30,
        maxRadius=50,
        riseColor='#EC4E4B',
        fallColor='#10AE66',
        zeroColor='#169696';
        var n=60,
        m=6;
# 每个群集父节点
    var parentNodes = new Array(m);
    var color = d3.scale.category10().domain(d3.range(m));
    function creatA(n_,m_){
        var arr=[],a=0;
        for(var i=0;i<n_;i++){
            if(i%m_==0 && i!=0)a++;
            arr.push(a);
        }
        return arr;
    }
    var b= creatA(n,m);
    var c=0;
    var nodes = d3.range(n).map(function() {
        var i = b[c],//Math.floor(Math.random() * m),
            r = (c%m)==0 ? 45:10;//Math.sqrt((i + 1) / m * -Math.log(Math.
random())) * maxRadius;
        var d = {
            cluster: i,
            radius: r,
            name:'a',
            zf:'0',
            x: Math.cos(i / m * 2 * Math.PI) * 500 + width/2 + Math.random(),
            y: Math.sin(i / m * 2 * Math.PI) * 500 + height/2  + Math.random()
        };
        if (!parentNodes[i] || (r > parentNodes[i].radius)) parentNodes[i] = d;
        c++;
        return d;
    });
    var node;
    var clickStatus=0;
```

```
var chuc=0;
function _init(){
    var force = d3.layout.force().nodes(nodes)
                .size([width,height])
                .gravity(0)
                .charge(0);
    var svg = d3.select("#chart-svg").append("svg")
                .attr("width", width)
                .attr("height", height);
    var dragend = force.drag().on("dragend", dragendX)
                               .on('dragstart', dragstart);
    var offsetX=0,offsetY=0;
    function dragendX(){
        offsetX-=d3.event.sourceEvent.x;
        offsetY-=d3.event.sourceEvent.y;
        offsetX=Math.abs(offsetX);
        offsetY=Math.abs(offsetY);
    }
    function dragstart(){
        offsetX=d3.event.sourceEvent.x;
        offsetY=d3.event.sourceEvent.y;
    }
    # 构建图表和数字
    node = svg.selectAll('g')
            .data(nodes)
            .enter().append("g")
            .style('cursor','pointer')
            .on('click',function(d){
                var url;
                if(d.radius<45){
                    url=option_.conc_url+d.stockCode;
                }else{
                    url=option_.stock_url+d.concUniCode;
                }
                window.open(url);
            });
    node.append('circle')
        .style("fill",function(d){
            if(d.radius>55) d.radius=44;
            var c='#ffffff';
            if(d.zf>0 && d.radius<45)c=riseColor;
            if(d.zf<0 && d.radius<45)c=fallColor;
            if(d.zf==0&& d.radius<45)c=zeroColor;
            return c;
        })
        .style('stroke',function(d){
            var c=riseColor;
            if(d.zf>0) c=riseColor;
            if(d.zf<0) c=fallColor;
            if(d.zf==0)c=zeroColor;
            return c;
        });
    node.append('text')
```

```
            .attr('alignment-baseline','middle')
            .attr('text-anchor','middle')
            .text(function(d){
                return d.name;
            })
            .style('font-size',function(d){
                var size='12px';
                if(d.radius>45)size='12px';
                return size;
            })
            .style('fill',function(d){
                var c='#ffffff';
                if(d.radius>45 && d.zf>0) c=riseColor;
                if(d.radius>45 && d.zf<=0) c=fallColor;
                if(d.radius>45 && d.zf==0) c=zeroColor;
                if(d.radius<45 && d.zf==0) c=zeroColor;
                return c;
            })
            .attr('x',function(d){
                if(this.getComputedTextLength()>d.radius*2 && d.radius<45){
                    var top=d.name.substring(0,2);
                    var bot=d.name.substring(2,d.name.length);
                    d3.select(this).text(function(){return '';});
                    d3.select(this).append('tspan')
                        .attr('x',0)
                        .attr('y',-5)
                        .text(function(){return top;});
                     d3.select(this).append('tspan')
                        .attr('x',0)
                        .attr('y',10)
                        .text(function(){return bot;});
                    return '';
                }
            });
    node.transition()
        .duration(750)
        .select('circle').attrTween("r", function(d) {
            var i = d3.interpolate(0, d.radius);
            return function(t) { return d.radius = i(t);
        };
    });
    force.on('tick',_tick).start();
    force.on('end',function(){
        clickStatus=1;
        chuc=1;
    });
}
function _update(){
    document.getElementById('chart-svg').innerHTML='';
    node=null;
    _init();
}
function _tick(e){
```

```
        var alpha=50 * e.alpha * e.alpha;
        node.each(function(d){
            var cluster = parentNodes[d.cluster];
            if(cluster === d) return;
            if(chuc==0){
                var bab=(d.cluster%2 == 0)? 1:2;
                var cac= d.cluster>4 ? d.cluster-5:d.cluster;
                cluster.x=cac*option_.w*9/48 + 160;
                cluster.y=bab*option_.h/3;
            }
            var x = d.x - cluster.x,
                y = d.y - cluster.y,
                l = Math.sqrt(x * x + y * y),
                r = d.radius + cluster.radius;
            if(l != r) {
                l = (l - r) / l * alpha;
                d.x -= x *= l;
                d.y -= y *= l;
                cluster.x += x;
                cluster.y += y;
            }
        })
        .each(function(d){
            var quadtree = d3.geom.quadtree(nodes);
            var alpha2=0.5;
            var r = d.radius + 50 + clusterPadding,
                nx1 = d.x - r,
                nx2 = d.x + r,
                ny1 = d.y - r,
                ny2 = d.y + r;
            quadtree.visit(function(quad, x1, y1, x2, y2) {
                if(quad.point && (quad.point !== d)) {
                    var x = d.x - quad.point.x,
                        y = d.y - quad.point.y,
                        l = Math.sqrt(x * x + y * y),
                        r = d.radius + quad.point.radius + (d.cluster === quad.point.
cluster ? padding : clusterPadding);
                    if(l < r) {
                        l = (l - r) / l * alpha2;
                        d.x -= x *= l;
                        d.y -= y *= l;
                        quad.point.x += x;
                        quad.point.y += y;
                    }
                }
                return x1 > nx2 || x2 < nx1 || y1 > ny2 || y2 < ny1;
            });
        })
        .attr("transform", function(d) { return "translate(" + d.x + "," + d.y + ")"; })
        .select('circle')
        .attr('r', function(d) { if(d.name==' ')return 0;return d.radius; });
    }
    this.nodes=nodes;
```

```
        this.init=_init;
        this.update=_update;
}
# 处理数据
function fChart(option_){
    var _chart=new force(option_);
    function _update(){
        _init(true);
    }
    function _init(update_){
        $.post("气泡图.json",null,function(fdata){
            var array=[0,36,12,48,24,30,6,42,18,54];
            for(var i=0;i<10;i++){
                var concInfo=fdata.dataObj[i];
                var x1=array[i];
                _chart.nodes[x1].name    =concInfo.name;
                _chart.nodes[x1].zf       =concInfo.zf;
                _chart.nodes[x1].concUniCode=concInfo.code;
                _chart.nodes[x1].radius=55; //50 + 50 * Math.abs(concInfo.zf)/100 || 5;
                console.log(concInfo.name+"--"+x1);
                var y=x1;
                for(var k=i*5;k<i*5+5;k++){
                    y++;
                    /*
                    if(k%5 == 0){
                        j++;
                    }*/
                    var stockInfo=fdata.dataObj1[k];
                    //console.log(stockInfo.name+"--"+y);
                    //console.log(stockInfo);
                    _chart.nodes[y].name  = stockInfo.name;
                    _chart.nodes[y].zf    = stockInfo.zf;
                    _chart.nodes[y].stockCode= stockInfo.code;
                    _chart.nodes[y].radius=44;// 20 + Math.abs(stockInfo.zf) * 200 || 10;
                }
            }
            console.log(_chart);
            update_?_chart.update():_chart.init();
        },"json");
    }
    this.init=_init;
    this.update=_update;
}
</script>
</head>
<body>
<div id="chart-svg" </div>
</body>
</html>
```

绘制的气泡图如图 4-8 所示。

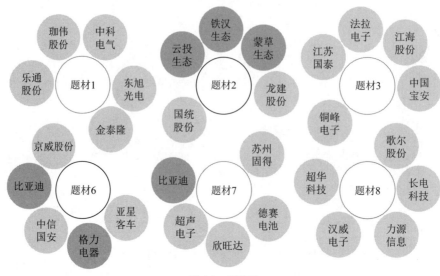

图 4-8　气泡图

3. 箱形图

通过 d3 创建 SVG 图形生成器并赋值相关参数和数据来绘制箱形图，代码如下：

代码 4-8：

```
<html>
<meta charset="utf-8">
<body>
<div class="group-box-plot" id="group-box-plot"></div>
<div id="tooltip"></div>
<script src="https://d3js.org/d3.v7.min.js" charset="utf-8"></script>
<script>
const dataset = [
{
    "value": 1,
    "y": 9.6121,
    "x": "2016-02-24"
  },
  {
    "value": 2,
    "y": 8.3333,
    "x": "2016-02-24"
  }
]
const dms = {
    width: 1000,
    height: 600,
    margin: {
        top: 50,
        right: 50,
        bottom: 50,
        left: 50
    },
    tooltipMargin: 10
```

```
    }
    dms.innerWidth = dms.width - dms.margin.left - dms.margin.right;
    dms.innerHeight = dms.height - dms.margin.top - dms.margin.bottom;
const colors = ["#0067AA", "#FF7F00", "#00A23F", "#FF1F1D",
                "#A763AC", "#B45B5D", "#FF8AB6", "#B6B800"]
  const Tooltip = d3.select('#tooltip')
                    .style('opacity', 0)
                    .style("background", "white")
                    .style("border", "1px solid #ddd")
                    .style("box-shadow", "2px 2px 3px 0px rgb(92 92 92 / 0.5)")
                    .style("font-size", ".8rem")
                    .style("padding", "2px 8px")
                    .style('font-weight', 600)
                    .style('position', 'absolute')
# 排序
 dataset.sort((a,b) => a.value - b.value);
# 获取值
const yearAccessor = d=>d.x;const yAccessor = d => d.y;const groupAccessor = d=>d.value;
# 分组
  const dataByYearAndGroup = d3.nest()
                              .key(yearAccessor)
                              .key(groupAccessor)
                              .entries(dataset)
# 计算箱形图所需要的最大值、最小值、中位数及上下四分位数，还有离散值
      const dataByYearAndGroupWithStats = dataByYearAndGroup.map(year => {
        const yearData = year['values'].map(group => {
        const groupYValues = group.values.map(yAccessor).sort((a, b) => a - b)
        const q1 = d3.quantile(groupYValues, 0.25)
        const median = d3.median(groupYValues)
        const q3 = d3.quantile(groupYValues, 0.75)
        const iqr = q3 - q1
        const [min, max] = d3.extent(groupYValues)
        const rangeMin = d3.max([min, q1 - iqr * 1.5])
        const rangeMax = d3.min([max, q3 + iqr * 1.5])
        const outliers = group.values.filter(d => yAccessor(d) < rangeMin || yAccessor(d) >
rangeMax)
        return {
          ...group,
          month: +group.key,
          q1, median, q3, iqr, min, max, rangeMin, rangeMax, outliers
          }
        })
    return {
        ...year,
        values: yearData,
      }
  });
# 画图
const mainsvg = d3.select('#group-box-plot')
                .append('svg')
                .attr('width', dms.width)
                .attr('height', dms.height)
const maingroup = mainsvg.append('g')
```

```
                              .attr('transform', `translate(${dms.margin.left}, ${dms.margin.top})`)
const boxArea = maingroup.append('g')
# 创建刻度
# 一级分组
const xScale = d3.scaleBand()
            .domain(dataByYearAndGroupWithStats.map(d=>d.key))
            .rangeRound([0, dms.innerWidth])
            .paddingInner(0.1)
            .paddingOuter(.4)
# 二级分组
const groupScale = d3.scaleBand()
                .padding(1.9)
const groupKeys = dataByYearAndGroup[0]['values']
            .map(d => {return d.key})
groupScale.domain(groupKeys).rangeRound([0, xScale.bandwidth()])
const yScale = d3.scaleLinear()
            .domain([d3.min(dataset, d=>d.y) - 0.1, d3.max(dataset, d=>d.y)])
            .range([dms.innerHeight, 0])
# 颜色
const colorScale = d3.scaleOrdinal().range(colors)
# 绘画数据
let binGroups = boxArea.selectAll('bin')
                    .data(dataByYearAndGroupWithStats)
 binGroups.exit().remove()
 const newBinGroups = binGroups
                    .enter()
                    .append("g")
                    .attr("class", "bin")
                    .attr('transform', d=>`translate(${xScale(d.key)}, 0)`)
 binGroups = newBinGroups.merge(binGroups)
  const boxWidth = 30, boxPadding = 6;
# 添加绘制区域与悬浮提示
const boxGroups = binGroups.selectAll('box').data(d=>d.values).join('g')
                    .attr('class', 'box').on('mouseover', (event) => {
                       d3.select('#tooltip').style('opacity', 1).html
                       (boxTooltip(event))
                    })
                    .on('mousemove', () => {
                        const event = d3.event;
                        #console.log(event.pageX, event.pageY)
                        Tooltip
                            .style('left', (event.pageX + dms.tooltipMargin) + 'px')
                            .style('top', (event.pageY + dms.tooltipMargin) + 'px')
                    })
                    .on('mouseout', () => {
                        d3.select('#tooltip').style('opacity', 0);
                    });
  # 垂直的线
  const rangeLines = boxGroups.append('line')
                    .attr('class', 'line1')
                    .attr('x1', d=>groupScale(d.key))
                    .attr('x2', d=>groupScale(d.key))
                    .attr('y1', d=>yScale(d.rangeMin))
```

```
                         .attr('y2', d=>yScale(d.rangeMax))
                         .style('width', 40)
                         .attr('stroke', d=>colorScale(d.key))
                         .attr("stroke-width", 2)
# 矩形（箱形图）
const barRects = boxGroups.append('rect')
    .attr('x', d=>groupScale(d.key) - boxWidth/2)
    .attr('y', d=>yScale(d.q3))
    .attr('width', boxWidth)
    .attr('height', d=>yScale(d.q1) - yScale(d.q3))
    .attr('fill', d=>colorScale(d.key))
# 中值线
const mediansLine = boxGroups.append('line')
    .attr('class', 'median')
    .attr('x1', d=>groupScale(d.key) - boxWidth / 2)
    .attr('x2', d=>groupScale(d.key) + boxWidth / 2)
    .attr('y1', d=>yScale(d.median))
    .attr('y2', d=>yScale(d.median))
    .attr("stroke", 'black')
    .style("width", 40)
    .attr("stroke-width", 2)
    .attr('opacity', 0.3)
 # 最大垂直线两端横线
 const rangeMins = boxGroups.append('line')
    .attr('class', 'line')
    .attr('x1', d=>groupScale(d.key) - boxWidth / 2 + boxPadding)
    .attr('x2', d=>groupScale(d.key) + boxWidth / 2 - boxPadding)
    .attr('y1', d=>yScale(d.rangeMin))
    .attr('y2', d=>yScale(d.rangeMin))
    .style("width", 40)
    .attr('stroke', d=>colorScale(d.key))
    .attr("stroke-width", 2)
const rangeMaxs = boxGroups.append('line')
    .attr('class', 'line')
    .attr('x1', d=>groupScale(d.key) - boxWidth / 2 + boxPadding)
    .attr('x2', d=>groupScale(d.key) + boxWidth / 2 - boxPadding)
    .attr('y1', d=>yScale(d.rangeMax))
    .attr('y2', d=>yScale(d.rangeMax))
    .style("width", 40)
    .attr('stroke', d=>colorScale(d.key))
    .attr("stroke-width", 2)
 # 离散点
const outliers = boxGroups.append('g')
    .attr("transform", d => `translate(${groupScale(d.key)}, 0)`)
    .selectAll('circle')
    .data(d=>d.outliers)
    .join("circle")
    .attr("class", "outlier")
    .attr("cy", d => yScale(yAccessor(d)))
    .attr("r", 2)
    .attr('fill', '#ffffff')
    .attr('stroke', 'black')
 # 创建轴线
```

```
# 设置 y 坐标轴
    const yAxis = d3.axisLeft(yScale).ticks(5)
    const yAxisGroup = maingroup.append('g').attr('class', 'y-axis').call(yAxis)
# 添加 y 轴 label
    const yAxisLabel = yAxisGroup.append('text')
        .attr('class', 'axis-label')
        .attr('transform', `rotate(-90)`)
        .attr('x', -dms.innerHeight / 3)
        .attr('y', -dms.margin.left + 10)
        .html("value")
        .attr('fill', 'black')
        .attr('font-size', '12px')
# 设置 x 坐标轴
    const labels = dataByYearAndGroup.map(d => { return d.key });
 const xAxis = d3.axisBottom(xScale).tickFormat((d, i) => labels[i]);
 const xAxisGroup = maingroup.append('g').attr('class', 'x-axis') .attr
('transform', `translate(0, ${dms.innerHeight})`).call(xAxis)
# 添加 x 轴 label
  const xAxisLabel = xAxisGroup.append('text') .attr('class', 'axis-label')
                .attr('x', dms.innerWidth / 2) .attr('y', 40)
                .html("Year") .attr('fill', 'black')
                .attr('font-size', '12px')
# 创建标记
const legend = maingroup.append('g')
        .selectAll('g')
        .data(dataByYearAndGroupWithStats[0].values)
        .join('g')
        .attr('class', 'legend')
        .attr('transform', (d, i) =>`translate(0, ${i * 22})`)
    legend.append('rect')
        .attr('x', dms.innerWidth + 5)
        .attr('width', 19)
        .attr('height', 16)
        .attr('fill', d=>colorScale(d.key))
    legend.append('text')
        .attr('x', dms.innerWidth + 28)
        .attr('y', 8)
        .attr("dy", "0.32em")
        .text(d=>d.key)
# 函数
function boxTooltip(d) {
    return `
        <span class="label">group</span>: ${d.key}<br>
        <span class="label">max</span>: ${d.rangeMax}<br>
        <span class="label">q1</span>: ${d.q1}<br>
        <span class="label">median</span>: ${d.median}<br>
        <span class="label">q3</span>: ${d.q3}<br>
        <span class="label">min</span>: ${d.rangeMin}<br>
        `
}
</script>
</html>
```

绘制的箱形图如图 4-9 所示。

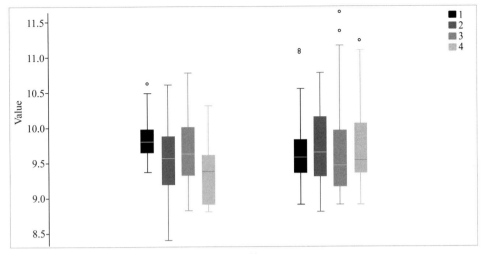

图 4-9　箱形图

4. 柱形图

通过 d3 创建 SVG 图形生成器并赋值相关参数和数据绘制柱形图，代码如下：

代码 4-9：

```
<html lang="en">
  <head>
    <meta charset="UTF-8" />
    <meta name="viewport" content="width=device-width, initial-scale=1.0" />
    <meta http-equiv="X-UA-Compatible" content="ie=edge" />
    <script src="https://d3js.org/d3.v7.min.js"></script>
  </head>
<body>
  <div id="root"></div>
  <script>
    # 定义数据，d3 有 d3.json 和 d3.csv 两种函数，分别用来获取 json 和表格数据
    const data = [{ name: "外包", value: 2700 },{ name: "金融", value: 2354 },
      { name: "制造", value: 2020 }, { name: "咨询", value: 2532 }
    ];
    # 获取 y 轴的值
    const yValue = (d) => d.value;
    # 获取 x 轴的值
    const xValue = (d) => d.name;
    const dimensions = {
      width: 600,          # 画布宽度
      height: 400,         # 画布高度
      margin: { top: 15, right: 15, bottom: 40, left: 60  }
      };
      # 图表宽度
    dimensions.boundedWidth =
      dimensions.width - dimensions.margin.left - dimensions.margin.right;
    dimensions.boundedHeight =
      dimensions.height - dimensions.margin.top - dimensions.margin.bottom;
    # 绘制画布
    const svg = d3.select("#root").append("svg").attr("width", dimensions.width)
```

```
    .attr("height", dimensions.height);
# y轴为线性比例尺
const yScale = d3.scaleLinear()
  .domain([0, d3.max(data, (d) => yValue(d))])
  .range([dimensions.boundedHeight, 0]).nice();
const xScale = d3.scaleBand().domain(data.map((d) => xValue(d)))
  .range([0, dimensions.boundedWidth]).padding(0.2);
const color = d3.scaleOrdinal(d3.schemePastel2);
const chartG = svg.append("g").style(
    "transform",
    `translate(${dimensions.margin.left}px, ${dimensions.margin.top}px)`
  );
chartG.selectAll("rect").data(data).join("rect")
  .attr("x", (d) => xScale(xValue(d))).attr("y", (d) => yScale(yValue(d)))
  .attr("width", xScale.bandwidth())
  .attr("height", (d) => dimensions.boundedHeight - yScale(yValue(d)))
  .attr("fill", (d, i) => color(i));
const xAxis = d3.axisBottom(xScale);
chartG.append("g")
  .call(xAxis).attr("transform", `translate(0, ${dimensions.boundedHeight})`);
const yAxis = d3.axisLeft(yScale).tickSize(-dimensions.boundedWidth);
chartG.append("g").call(yAxis);
    </script>
  </body>
</html>
```

绘制的柱形图如图 4-10 所示。

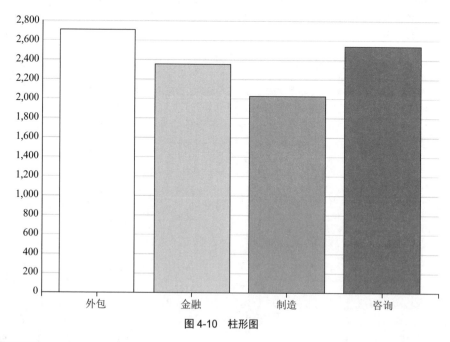

图 4-10 柱形图

5. 折线图

当分析折线图的 x 轴的特点时，可以观察到 x 轴通常表示连续的数据点，而不同于柱形图的离散类别或时间段。为了在 x 轴上准确地表示这些数据点，需要在 x 轴上画出间隔相同的 N

个点，以便每个数据点都能在 x 轴上得到对应的位置。

　　为了实现这一点，可以使用 scalePoint 来设置 x 轴的比例尺。scalePoint 函数可以根据数据点的数量和画布的宽度，自动计算出每个数据点在 x 轴上的位置。它会根据数据点的间隔和画布的宽度，平均分配 x 轴上的点，并确保它们之间的向距相等。

　　通过使用 scalePoint，可以在折线图的 x 轴上准确地绘制出每个数据点，使得数据的变化趋势更加清晰可见。这种绘制方法使得我们能够更好地理解数据的趋势和变化，并进行更准确的分析和决策。法完整代码如下：

　　代码 4-10：

```
<html lang="en">
  <head>
    <meta charset="UTF-8" />
    <meta name="viewport" content="width=device-width, initial-scale=1.0" />
    <meta http-equiv="X-UA-Compatible" content="ie=edge" />
    <title> 折线图 </title>
    <script src="https://d3js.org/d3.v7.min.js"></script>
  </head>
  <body>
    <div id="root"></div>
    <script>
      const data = [
        { name: "周一 ", value: 820 },
        { name: "周二 ", value: 932 },
        { name: "周三 ", value: 901 },
        { name: "周四 ", value: 1290 },
        { name: "周五 ", value: 934 },
        { name: "周六 ", value: 1330 },
        { name: "周日 ", value: 1320 }
      ];
      const xValue = (d) => d.name;
      const yValue = (d) => d.value;
      const width = 600;
      const dimensions = {
        # 图表尺寸
        width: width,
        height: width * 0.5,
        margin: {
          top: 30,
          right: 10,
          bottom: 50,
          left: 50
        } };
      # 图表宽度
      dimensions.boundedWidth = dimensions.width -
        dimensions.margin.left -
        dimensions.margin.right;
      # 图表高度
      dimensions.boundedHeight = dimensions.height -
        dimensions.margin.top -
        dimensions.margin.bottom;
      const svg = d3.select("#root").append("svg")
```

```
      .attr("width", dimensions.width).attr("height", dimensions.height);
    const chartG = svg.append("g").style(
      "transform",
      `translate(${dimensions.margin.left}px, ${dimensions.margin.top}px)`
    );
    const xScale = d3.scalePoint()
      .domain(data.map((d) => d.name))
      .range([0, dimensions.boundedWidth]);
    const yScale = d3
      .scaleLinear()
      .domain([0, d3.max(data, (d) => yValue(d))])
      .range([dimensions.boundedHeight, 0])
      .nice();
    # 构建一个默认为直线的线条绘制器
    const line = d3.line().x((d) => xScale(xValue(d)))
      .y((d) => yScale(yValue(d)));
    console.log(line);
    const area = d3.area().x((d) => xScale(xValue(d)))
      .y1((d) => yScale(yValue(d))).y0(yScale(0));
    chartG.append("g").append("path").style("fill", "none")
      .style("fill", "green").style("stroke", "rgb(51, 209, 243)")
      .style("stroke-width", 1).datum(data).attr("d", area);
    const xAxis = d3.axisBottom(xScale);
    chartG.append("g").call(xAxis)
      .attr("transform", `translate(0,${dimensions.boundedHeight})`);
    const yAxis = d3.axisLeft(yScale);
    chartG.append("g").call(yAxis);
  </script>
 </body>
</html>
```

绘制的折线图如图 4-11 所示。

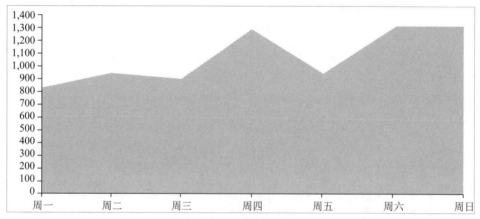

图 4-11　折线图

6. 饼图

饼图和之前介绍的柱形图和折线图不同，不存在坐标系，也就不会有比例尺的映射。在折线图的介绍中，提到了 d3 提供了一些图形构造器并了解了 d3.line 及 d3.area，而饼图会用到另外两个构造方法 d3.pie 和 d3.arc，完整代码如下：

代码 4-11：

```html
<html lang="en">
<head>
    <meta charset="UTF-8">
    <title>饼图</title>
    <script src="https://cdn.bootcss.com/d3/3.2.1/d3.js"></script>
</head>
<body>
  <script type="text/javascript">
    var width = 400;                     # 设置 svg 区域的宽度
    var height = 400;                    # 设置 svg 区域的高度
    var svg = d3.select('body')          # 选择 body 区
            .append('svg')               # 在 body 中添加 svg
            .attr('width', width)        # 将宽度赋给 width 属性
            .attr('height', height);     # 将高度赋给 height 属性
    # 确定初始数据
    var dataset = [['小米 ', 22.5], ['华为 ', 32.7], ['中兴 ', 14.2], ['努比亚 ', 22.1],
['联想 ', 14.2], ['其他 ', 10.3]];
    # 转换数据
    var pie = d3.layout.pie().value(function (d) { return d[1]; });
    var piedata = pie(dataset);
    console.log(piedata);
    # 外半径和内半径
    var outerRadius = width / 3;
    var innerRadius = 0;
    # 创建弧生成器
    var arc = d3.svg.arc().innerRadius(innerRadius).outerRadius(outerRadius);
    var color = d3.scale.category20();
    # 添加对应数目的弧组，即 <g> 元素
    var arcs = svg.selectAll('g').data(piedata).enter().append('g').attr('transform',
'translate(' + (width / 2) + ',' + (height / 2) + ')');
    # 添加弧的路径元素
    arcs.append('path').attr('fill', function(d,i) {
        return color(i);                 # 设定弧的颜色
        })
        .attr('d', function(d) { return arc(d); }    # 使用弧生成器
        });
    # 添加弧内的文字元素
    arcs.append('text')
        .attr('transform', function(d) {
            var x = arc.centroid(d)[0] * 1.4;        # 文字的 x 坐标
            var y = arc.centroid(d)[1] * 1.4;        # 文字的 y 坐标
            return 'translate(' + x + ',' + y + ')';
        })
        .attr('text-anchor', 'middle')
        .text(function(d) {
            # 计算市场份额和百分比
            var percent = Number(d.value) / d3.sum(dataset, function(d) { return d[1];
}) * 100;
            # 保留一个小数点，末尾加一个百分号返回
            return percent.toFixed(1) + '%';
        });
```

```
        # 添加连接弧外的直线元素
    arcs.append('line')
            .attr('stroke', 'black')
            .attr('x1', function(d) { return arc.centroid(d)[0] * 2; })
            .attr('y1', function(d) { return arc.centroid(d)[1] * 2; })
            .attr('x2', function(d) { return arc.centroid(d)[0] * 2.2; })
            .attr('y2', function(d) { return arc.centroid(d)[1] * 2.2; });
        # 添加弧外的文字元素
    arcs.append('text')
            .attr('transform', function(d) {
              var x = arc.centroid(d)[0] * 2.5;
              var y = arc.centroid(d)[1] * 2.5;
              return 'translate(' + x + ',' + y + ')';
            })
            .attr('text-anchor', 'middle')
            .text(function(d) {
              return d.data[0];
            });
  </script>
</body>
</html>
```

绘制的饼图如图 4-12 所示。

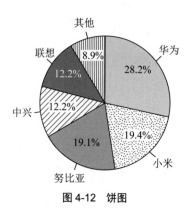

图 4-12　饼图

4.3　本章习题

一、单选题

1. CSS 指的是（　　）。

　　A. Computer Style Sheets　　　　　　　　B. Cascading Style Sheets

　　C. Creative Style Sheets　　　　　　　　　D. Colorful Style Sheets

2. 下列哪个选项的 CSS 语法是正确的？（　　）

　　A. body:color=black　　　　　　　　　　B. {body:color=black(body}

　　C. body{color: black}　　　　　　　　　　D. {body;color:black}

3. 如何在 CSS 文件中插入注释？（　　）

　　A. // this is a comment　　　　　　　　　B. // this is a comment //

C. /* this is a comment */　　　　　　　　D. ' this is a comment '

4. 在 HTML 中，以下关于 CSS 样式中文本及字体属性的说法，错误的是（　　）。

　　A. font-size 用来设置文本字体的大小　　　B. text-align 用来设置文本的对齐方式

　　C. font-type 用来设置字体的类型　　　　　D.font-weight 用来设置字体的粗细

5. 下面选项中，可以设置页面中某个 DIV 标签相对页面水平居中的 CSS 样式是（　　）。

　　A. margin:0 auto　　　　　　　　　　　B. padding:0 auto

　　C. text-align:center　　　　　　　　　　D. vertical-align:middle

6. 在 HTML 中，以下关于 CSS 样式中文本属性的说法，错误的是（　　）。

　　A. font-size 用于设置文本字体的大小　　　B. font-family 用于设置文本的字体类型

　　C. color 用于设置文本的颜色　　　　　　　D. text-align 用于设置文本的字体形状

7. 在 HTML 页面中，分析下面样式规则，则以下选项中（　　）表示属性。

```
P{color:red;font-size:30px;font-family:" 宋体 ";}
```

　　A. P　　　　　　　　B. color　　　　　　C. 宋体　　　　　　D.30px

8. 在 HTML 中网页中，如果需要在 CSS 样式表中设置文本的字体是"隶书"，则需要设置文本的属性（　　）。

　　A. font-size　　　　　B. font-family　　　　C. font-style　　　　D. face

9. 在 HTML 中，下面关于 CSS 样式的说法正确的是（　　）。

　　A. CSS 代码严格区分大小写

　　B. 每条样式规则使用逗号隔开

　　C. CSS 样式无法实现页面的精确控制

　　D. CSS 样式实现了内容与样式的分离，利于团队开发

二、填空题

1. 在 CSS 层叠样式表中经常用到的 3 种选择器是 ＿＿＿＿；＿＿＿＿；＿＿＿＿。

2. 在标签当中可以通过 ＿＿＿＿ 属性中设定 CSS 样式。

3. CSS 有 3 种基本的定位机制：＿＿＿＿、＿＿＿＿ 和 ＿＿＿＿。

4. CSS 中 position 属性主要有 ＿＿＿＿、＿＿＿＿、＿＿＿＿、＿＿＿＿ 这 4 种不同类型的定位。

5. RGB 颜色值主要由 ＿＿＿＿、＿＿＿＿ 和 ＿＿＿＿ 参数来定义颜色的强度。

三、简答题

1. CSS 值的类型有哪些？

2. CSS 规则由什么构成？

3. CSS 具有哪些语言特点？

4. 简述 CSS 选择器的分类。

5. 列举 CSS 中定义颜色的方法（至少要列举出 3 种）。

第 5 章
Java 可视化控件

本章学习目标:

- 掌握 Java 可视化控件 JFreeChart 的安装。
- 掌握 JFreeChart 的绘制的案例。
- 掌握基于 js 模块的 Echarts 的基本概况和安装方法。
- 掌握 Echarts 的图像可视化的案例。

简单来说,Java 可视化控件就是开发人员将构成应用程序的基本元素进行深度封装,通常,这些元素包含数据可视化领域的按钮、文本框、进度条等。通常将 Java 可视化控件分为容器控件和非容器控件。Java 中的容器控件又可细分为窗口、框架、对话框及文件对话框,非容器控件可细分为按钮、标签、复选框、文本组件等。Java 可视化控件的出现,在一定程度上推进了数据可视化机制朝着更加便捷、更加高效的方向发展。

本章主要介绍两个可视化控件,分别是 JFreeChart 和 Echarts。首先介绍 JFreeChart 组件及其图像可视化操作,如绘制饼图、绘制柱形图等;然后介绍 Echarts 的安装和图像可视化绘制方法和案例。

5.1 JFreeChart 可视化

本节主要介绍 JFreeChart 可视化及其应用。

5.1.1 JFreeChart 简介

JFreeChart 主要用来生成各式各样的图表,通常指的是柱形图、饼图、区域图、线图、混合图、分布图、甘特图和一些富有显性特征的仪表盘等,是传统的 Java 平台上的一个面向大众 100% 开源的图表绘制类库,它的编写语言为 Java。JFreeChart 使得广大开发者能够较为容易地将专业且具有一定质量的图表展现在应用程序中。它可以将图表以 JPEG 和 PNG 等图片格式输出,还可以与 Excel 和 PDF 进行关联。

目前,对于 JFreeChart 的评价主要有以下几点:

- JFreeChart 面向社会 100% 开源,但是开发手册和案例需要花钱购买。
- JFreeChart 轻量且稳定,使用功能丰富,呈现多样化。
- API 具有易上手、处理简单等显著特点。
- 通过 JFreeChart 生成的图表运行顺畅。

直接从官网上下载 JFreeChart 的免费个人版源码即可,下载后,可以使用 Maven 从项目的根目录发出以下命令来构建 JFreeChart，命令是 "mvn clean install"。

5.1.2　JFreeChart 可视化案例

1. 柱形图

要比较 FIAT、AUDI、FORD 三种车型的速度（Speed）、用户使用评价（User Rating）、税率（Millage）、安全性（Safey），在 JFreeChart 中使用 ChartFactory 类创建柱形图，完整代码如下：

代码 5-1：

```java
import org.jfree.chart.ChartFactory;
import org.jfree.chart.ChartPanel;
import org.jfree.chart.JFreeChart;
import org.jfree.chart.plot.PlotOrientation;
import org.jfree.data.category.CategoryDataset;
import org.jfree.data.category.DefaultCategoryDataset;
import org.jfree.ui.ApplicationFrame;
import org.jfree.ui.RefineryUtilities;
public class BarChart_AWT extends ApplicationFrame
{
    public BarChart_AWT(String applicationTitle, String chartTitle)
    {# 初始化柱形图选项
        super(applicationTitle);
        JFreeChart barChart = ChartFactory.createBarChart(
            chartTitle,
            "Category",
            "Score",
            createDataset(),
            PlotOrientation.VERTICAL,
            true, true, false);
        ChartPanel chartPanel = new ChartPanel(barChart);
        chartPanel.setPreferredSize(new java.awt.Dimension(560,367));
setContentPane(chartPanel);
    }
    private CategoryDataset createDataset()
    {# 设置可视化数据
        final String fiat = "FIAT";
        final String audi = "AUDI";
        final String ford = "FORD";
        final String speed = "Speed";
        final String millage = "Millage";
        final String userrating = "User Rating";
        final String safety = "safety";
        final DefaultCategoryDataset dataset =
        new DefaultCategoryDataset();
        # 为柱形图每个子系列赋值
        dataset.addValue(1.0, fiat, speed);
        dataset.addValue(3.0, fiat, userrating);
```

```
        dataset.addValue(5.0, fiat, millage);
        dataset.addValue(5.0, fiat, safety);
        dataset.addValue(5.0, audi, speed);
        dataset.addValue(6.0, audi, userrating);
        dataset.addValue(10.0, audi, millage);
        dataset.addValue(4.0, audi, safety);
        dataset.addValue(4.0, ford, speed);
        dataset.addValue(2.0, ford, userrating);
        dataset.addValue(3.0, ford, millage);
        dataset.addValue(6.0, ford, safety);
         return dataset;
    }
    public static void main(String[ ] args)
    {
        BarChart_AWT chart= new BarChart_AWT
("汽车使用统计数字", "Which car do you like?);
        chart.pack();
        RefineryUtilities.centerFrameOnScreen(chart);
        chart.setVisible(true); # 显示图形组件
    }
}
```

绘制的车型柱形图如图 5-1 所示。

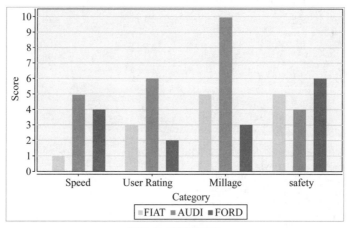

图 5-1　车型柱形图

2. 饼图

要展示诺基亚、苹果、摩托罗拉、三星手机的受欢迎程度，可使用 JFreeChart 的 PieDataset 类绘制饼图，代码如下：

代码 5-2：

```
package show;
import javax.swing.JPanel;
import org.jfree.chart.ChartFactory;
import org.jfree.chart.ChartPanel;
```

```java
import org.jfree.chart.JFreeChart;
import org.jfree.data.general.DefaultPieDataset;
import org.jfree.data.general.PieDataset;
import org.jfree.ui.ApplicationFrame;
import org.jfree.ui.RefineryUtilities;
public class PieChart_AWT extends ApplicationFrame
{
   public PieChart_AWT(String title)
   {
      super(title);
      setContentPane(createDemoPanel());
   }
   private static PieDataset createDataset()
   {# 创建可视化数据
      DefaultPieDataset dataset = new DefaultPieDataset();
      dataset.setValue("iPhone 5s" , new Double(20));
      dataset.setValue("SamSung Grand" , new Double(20));
      dataset.setValue("MotoG" , new Double(40));
      dataset.setValue("Nokia Lumia" , new Double(10));
      return dataset;
   }
   private static JFreeChart createChart(PieDataset dataset)
   {
      JFreeChart chart = ChartFactory.createPieChart(
         "Mobile Sales",      # 图形标题
         dataset,             # 数据
         true,                # 是否显示图例
         true,
         false);
      return chart;
   }
   public static JPanel createDemoPanel()
   {
      JFreeChart chart = createChart(createDataset());
      return new ChartPanel(chart);
   }
   public static void main(String[ ] args)
   {
      PieChart_AWT demo = new PieChart_AWT(" 手机销售 ");
      demo.setSize(560, 367);
      RefineryUtilities.centerFrameOnScreen(demo);
      demo.setVisible(true); # 显示图形组件
   }
}
```

绘制的手机销售饼图如图 5-2 所示。

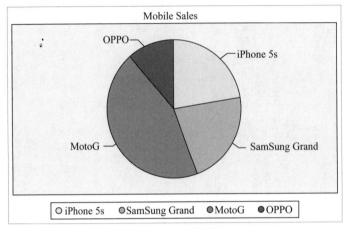

图 5-2　手机销售饼图

3. 时序图

要获取一个广告在 23 点到凌晨 1 点的点击频率，可使用 JFreeChart 的 TimeSeries 类绘制时序图，代码如下：

代码 5-3：

```
package show;
import org.jfree.chart.ChartFactory;
import org.jfree.chart.ChartPanel;
import org.jfree.chart.JFreeChart;
import org.jfree.data.general.SeriesException;
import org.jfree.data.time.Second;
import org.jfree.data.time.TimeSeries;
import org.jfree.data.time.TimeSeriesCollection;
import org.jfree.data.xy.XYDataset;
import org.jfree.ui.ApplicationFrame;
import org.jfree.ui.RefineryUtilities;
public class TimeSeries_AWT extends ApplicationFrame
{
   public TimeSeries_AWT(final String title)
   {
      super(title);
      final XYDataset dataset = createDataset();
      final JFreeChart chart = createChart(dataset);
      final ChartPanel chartPanel = new ChartPanel(chart);
      chartPanel.setPreferredSize(new java.awt.Dimension(560, 370));
      chartPanel.setMouseZoomable(true, false);
      setContentPane(chartPanel);
   }
   private XYDataset createDataset()
   {# 创建时序图各个时间阶段的数据值
      final TimeSeries series = new TimeSeries("Random Data");
      Second current = new Second();
      double value = 100.0;
      for (int i = 0; i < 4000; i++)
      {
```

```
      try
      {
         value = value + Math.random() - 0.5;
         series.add(current, new Double(value));
         current = (Second) current.next();
      }
      catch(SeriesException e)
      {
         System.err.println("Error adding to series");
      }
   }
   return new TimeSeriesCollection(series);
}
private JFreeChart createChart(final XYDataset dataset)
{# 创建图形对象
   return ChartFactory.createTimeSeriesChart(
   "Computing Test",
   "Seconds",
   "Value",
   dataset,
   false,
   false,
   false);
}
public static void main(final String[ ] args)
{
   final String title = "时间序列管理";
   final TimeSeries_AWT demo = new TimeSeries_AWT(title);
   demo.pack();
   RefineryUtilities.positionFrameRandomly(demo);
   demo.setVisible(true);# 显示图形组件
   }
}
```

绘制的广告点击频率时序图如图 5-3 所示。

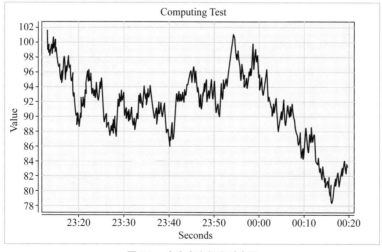

图 5-3　广告点击频率时序图

4. 气泡图

使用 XYZDataset 类初始化气泡图选项，并使用 DefaultXYZDataset 生成测试数据的绘制气泡图，代码如下：

代码 5-4：

```
package show;
import java.awt.Color;
import java.awt.Dimension;
import javax.swing.JPanel;
import org.jfree.chart.*;
import org.jfree.chart.axis.NumberAxis;
import org.jfree.chart.plot.PlotOrientation;
import org.jfree.chart.plot.XYPlot;
import org.jfree.chart.renderer.xy.XYItemRenderer;
import org.jfree.data.xy.DefaultXYZDataset;
import org.jfree.data.xy.XYZDataset;
import org.jfree.ui.ApplicationFrame;
import org.jfree.ui.RefineryUtilities;
public class BubbleChart_AWT extends ApplicationFrame {
    public BubbleChart_AWT(String s) {
        super(s);
        JPanel jpanel = createDemoPanel();
        jpanel.setPreferredSize(new Dimension(560, 370));
        setContentPane(jpanel);
    }
    private static JFreeChart createChart(XYZDataset xyzdataset) {
        # 初始化气泡图选项
        JFreeChart jfreechart = ChartFactory.createBubbleChart(
            "AGE vs WEIGHT vs WORK",
            "Weight",
            "AGE",
            xyzdataset,
            PlotOrientation.HORIZONTAL,
            true, true, false);
        XYPlot xyplot = (XYPlot)jfreechart.getPlot();
        xyplot.setForegroundAlpha(0.65F);
        XYItemRenderer xyitemrenderer = xyplot.getRenderer();
        xyitemrenderer.setSeriesPaint(0, Color.blue);
        NumberAxis numberaxis = (NumberAxis)xyplot.getDomainAxis();
        numberaxis.setLowerMargin(0.2);
        numberaxis.setUpperMargin(0.5);
        NumberAxis numberaxis1 = (NumberAxis)xyplot.getRangeAxis();
        numberaxis1.setLowerMargin(0.8);
        numberaxis1.setUpperMargin(0.9);
        return jfreechart;
    }
    # 创建可视化数据
    public static XYZDataset createDataset() {
        DefaultXYZDataset defaultxyzdataset = new DefaultXYZDataset();
        double ad[ ] = {30, 40, 50, 60, 70, 80};
        double ad1[ ] = {10, 20, 30, 40, 50, 60};
        double ad2[ ] = {4, 5, 10, 8, 9, 6};
```

```
    double ad3[][] = {ad, ad1, ad2};
    defaultxyzdataset.addSeries("Series 1" , ad3);
    return defaultxyzdataset;
}
# 初始化图形面板
  public static JPanel createDemoPanel() {
    JFreeChart jfreechart = createChart(createDataset());
    ChartPanel chartpanel = new ChartPanel(jfreechart);
    chartpanel.setDomainZoomable(true);
    chartpanel.setRangeZoomable(true);
    return chartpanel;
  }
  public static void main(String args[ ]) {
    BubbleChart_AWT bubblechart = new BubbleChart_AWT("气泡图框架");
    bubblechart.pack();
    RefineryUtilities.centerFrameOnScreen(bubblechart);
    bubblechart.setVisible(true); # 显示图形组件
  }
}
```

绘制的气泡图如图 5-4 所示。

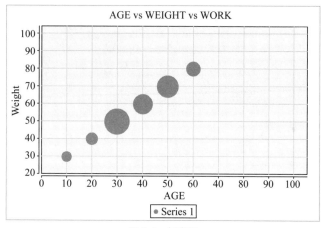

图 5-4 气泡图

5. XY 图

要展示谷歌、火狐、IE 浏览器不同版本的受欢迎程度，可使用 ApplicationFrame 类初始化 XY 图选项，并使用 XYDataset 绘制测试数据的 XY 图，代码如下：

代码 5-5：

```
package show;
import java.awt.Color;
import java.awt.BasicStroke;
import org.jfree.chart.ChartPanel;
import org.jfree.chart.JFreeChart;
import org.jfree.data.xy.XYDataset;
import org.jfree.data.xy.XYSeries;
import org.jfree.ui.ApplicationFrame;
import org.jfree.ui.RefineryUtilities;
```

```
import org.jfree.chart.plot.XYPlot;
import org.jfree.chart.ChartFactory;
import org.jfree.chart.plot.PlotOrientation;
import org.jfree.data.xy.XYSeriesCollection;
import org.jfree.chart.renderer.xy.XYLineAndShapeRenderer;
public class XYLineChart_AWT extends ApplicationFrame {
   public XYLineChart_AWT(String applicationTitle, String chartTitle) {
      super(applicationTitle);
      # 初始化 XY 图选项
      JFreeChart xylineChart = ChartFactory.createXYLineChart(
         chartTitle,
         "Category",
         "Score",
         createDataset(),
         PlotOrientation.VERTICAL,
         true, true, false);
      ChartPanel chartPanel = new ChartPanel(xylineChart);
      chartPanel.setPreferredSize(new java.awt.Dimension(560, 367));
      final XYPlot plot = xylineChart.getXYPlot();
      XYLineAndShapeRenderer renderer = new XYLineAndShapeRenderer();
      renderer.setSeriesPaint(0, Color.RED);
      renderer.setSeriesPaint(1, Color.GREEN);
      renderer.setSeriesPaint(2, Color.YELLOW);
      renderer.setSeriesStroke(0, new BasicStroke(4.0f));
      renderer.setSeriesStroke(1, new BasicStroke(3.0f));
      renderer.setSeriesStroke(2, new BasicStroke(2.0f));
      plot.setRenderer(renderer);
      setContentPane(chartPanel);
   }
   # 初始化图形显示的各项数据
   private XYDataset createDataset() {
      final XYSeries firefox = new XYSeries("Firefox");
      firefox.add(1.0, 1.0);
      firefox.add(2.0, 4.0);
      firefox.add(3.0, 3.0);
      final XYSeries chrome = new XYSeries("Chrome");
      chrome.add(1.0, 4.0);
      chrome.add(2.0, 5.0);
      chrome.add(3.0, 6.0);
      final XYSeries iexplorer = new XYSeries("Internet Explorer");
      iexplorer.add(3.0, 4.0);
      iexplorer.add(4.0, 5.0);
      iexplorer.add(5.0, 4.0);
      final XYSeriesCollection dataset = new XYSeriesCollection();
      dataset.addSeries(firefox);
      dataset.addSeries(chrome);
      dataset.addSeries(iexplorer);
      return dataset;
   }
   public static void main(String[ ] args) {
      XYLineChart_AWT chart = new XYLineChart_AWT("浏览器使用情况统计","Which Browser
are you using?");
      chart.pack();
```

```
        RefineryUtilities.centerFrameOnScreen(chart);
        chart.setVisible(true); # 显示图形组件
    }
}
```

绘制的 XY 图如图 5-5 所示。

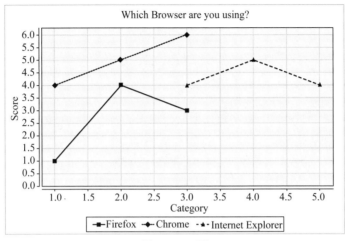

图 5-5　XY 图

5.2　ECharts 可视化

本节介绍 ECharts 可视化及其应用。

5.2.1　ECharts 简介

ECharts 是一个用 JavaScript 实现的显示图形库，能够满足各个行业的图表展现的需求。ECharts 遵循 Apache 2.0 开源协议，向社会开源。ECharts 可以接受 Chrome、Firefox、Safari 等多功能设备，并可随时进行显示。

ECharts 的常用配置如下：

- title：标题组件，包含主标题和副标题。
- legend：图例组件。
- xAxis：直角坐标系 grid 中的 x 轴。
- yAxis：直角坐标系 grid 中的 y 轴。
- tooltip：提示框组件。
- color：调色盘颜色列表。

目前，ECharts 具有以下几个特点：

（1）丰富的图表类型：ECharts 有丰富的图表类型，涵盖 20 多种图表和组件，包括折线系列、条形系列、散点图系列、饼图、烛台系列、箱形图系列、地图系列、热图系列、方向信息折线系列、关系图系列、树图系列、旭日图系列、多维数据的平行系列、漏斗系列、仪表系列等。

（2）强劲的渲染引擎：ECharts 有强劲的渲染引擎，支持 Canvas、SVG 双引擎进行一键切换。同时，流加载、增量渲染等技术能够助力实现千万数据的流畅交互。

（3）强大的数据分析能力：支持各类常见的算法分析，如聚类、回归等，可对相同数据进行多维度的数据分析工作。

（4）健全的开源社区：ECharts 拥有庞大的开源社区用户，在使用它的功能的同时也为 ECharts 提供了大量的插件，以满足用户在不同场景下的定制化需求。

（5）优雅的可视化设计：采用响应式设计，提供了灵活的配置选项，方便开发者进行定制化开发。

Apache ECharts 提供了多种安装方式，可以根据项目的实际情况选择以下任意一种方式进行安装。

- 从 GitHub 获取：在 apache/echarts 项目的 release 页面可以找到各个版本的链接。单击页面 Assets 中的 Source code 进行下载和解压，解压后 dist 目录下的 echarts.js 即为包含完整 ECharts 功能的文件。
- 从 NPM 获取：NPM 安装命令为 npm install echarts --save。
- 从 CDN 获取：从 jsDelivr 引用 echarts。
- 在线定制：如果只想引入部分模块以减少程序包的体积，可以使用 ECharts 在线定制功能。

从以上安装渠道获取 echarts.js 文件，然后从前端 HTML 页面引入 echarts.js，即可同普通 HTML 文件一样编辑代码、预览效果。

5.2.2　ECharts 可视化案例

1. 柱形图

要使用柱形图展示一周中每天的业务数据，可在 ECharts 中使用 option 的 xAxis 作为横坐标的数值，使用 series 指定图表类型及纵坐标的数值，代码如下：

代码 5-6：

```
<html style="height: 100%">
<head> <meta charset="utf-8"> </head>
<body style="height: 100%; margin: 0">
<div id="containerZ" style="height: 340px"></div>
<script type="text/javascript" src="js/echarts.js"></script>
<script type="text/javascript">
    var domZ = document.getElementById("containerZ");
    var myChartZ = echarts.init(domZ);
    var app = {};
    var optionZ;
    optionZ = {title: {text: 'Echarts 柱形图 ',left: '40%'},
    legend: {
    right: '10%'
        },
    tooltip: {},
    dataset: {
    dimensions: ['product', '任务总金额 ', '服务总金额 '],
    source: [
    {product: '江西分平台 ', '任务总金额 ': 43.3, '服务总金额 ': 93.7},
    {product: '湖南分平台 ', '任务总金额 ': 83.1, '服务总金额 ': 55.1},
```

```
    {product: '莱西分平台', '任务总金额': 86.4, '服务总金额': 82.5},
    ] },
    xAxis: {type: 'category'},
    yAxis: {},
    series: [
    {type: 'bar',
    color: '#169687'},
    {
    type: 'bar',
    color: '#FCB72B'
    } ] };
    if (optionZ && typeof optionZ === 'object') {
    myChartZ.setOption(optionZ);
    }
        </script>
    </body>
</html>
```

绘制的柱形图如图 5-6 所示。

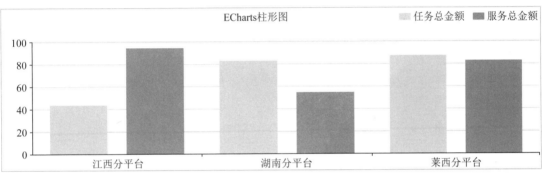

图 5-6　柱形图

2. 折线图

要展示近 7 天股票收益每天的波动情况，可在 ECharts 的 option 中添加相应参数绘制折线图，完整代码如下：

代码 5-7：

```
<html>
    <head>
        <meta charset="utf-8">
        <title>ECharts 折线图 </title>
        <script src="js/echarts.min.js"></script>
        <script src="js/jquery.js"></script>
    </head>
    <body>
        <div id="main" style="width: 600px;height:400px;"></div>
        <script type="text/javascript">
            var myChart = echarts.init(document.getElementById('main'));
            myChart.setOption({ title: {text: '近七日每天收益（万元）'},
tooltip: {trigger: 'axis'},
legend: {data:['ECharts 折线图 ']},
```

```
    grid: {
        left: '3%',
        right: '4%',
        bottom: '3%',
        containLabel: true
    },
    toolbox: {
        feature: {
            saveAsImage: {}
        }
    },
    xAxis: {
        type: 'category',
        boundaryGap: false,
        data: ["1","2","3","4","5","6","7"]
    },
    yAxis: {
        type: 'value'
    },
    series: [
        {
            name:'近七日收益',
            type:'line',
            stack: '总量',
            data: ["0.5","0","2","0.5","1","1","2"]
        }
        ]
    });
    </script>
    </body>
</html>
```

绘制的折线图如图 5-7 所示。

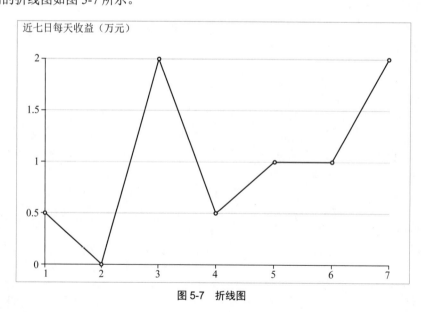

图 5-7　折线图

3. 饼图

要展示直接访问、联盟广告、搜索引擎的占比情况，可在 ECharts 的 option 中添加相应参数来绘制饼图，完整的代码如下：

代码 5-8：

```html
<html>
<head>
    <meta charset="utf-8">
    <title>ECharts 饼图 </title>
    <script src="js/echarts.js"></script>
</head>
<body>
    <div id="main" style="width: 600px;height:400px;"></div>
    <script type="text/javascript">
        var myChart = echarts.init(document.getElementById('main'));
        var option = {
            title: {
                text: ' 王者荣耀段位 '    },
            legend: {
                data:[' 人数 ']             },
            xAxis: {
                data: [" 王者 "," 星耀 "," 钻石 "," 铂金 "," 黄金 "," 白银 ",' 青铜 ',' 废铁 '],
                axisLine: {
                    show: true,
                    lineStyle: {
                        color: '#000000',
                        width: 1,
                        type: 'solid',   },
                    symbol:['none', 'arrow'],
                    symbolSize:[8, 12]     },           },
            yAxis: {   },
            series : [{
                name: ' 人数 ',          # 系列名称
                type: 'pie',             # 设置图表类型为饼图
                radius: '55%',
                roseType: 'angle',
                data:[ {value:235, name:' 王者 '},
                    {value:274, name:' 星耀 '},
                    {value:310, name:' 钻石 '},
                    {value:335, name:' 铂金 '},
                    {value:400, name:' 黄金 '},
                    {value:400, name:' 白银 '},
                    {value:400, name:' 青铜 '},
                    {value:400, name:' 废铁 '},
                ],
                itemStyle: {
                    normal: {
                        shadowBlur: 1,                        # 阴影的大小
                        shadowColor: 'rgba(0, 0, 0, 0.5)',    # 阴影的颜色
                        shadowOffsetX: 0,                     # 阴影水平方向上的偏移
                        shadowOffsetY: 0,                     # 阴影垂直方向上的偏移
                } }     }]       };
```

```
        myChart.setOption(option);
    </script>
</body>
</html>
```

绘制的王者荣耀段位饼图如图 5-8 所示。

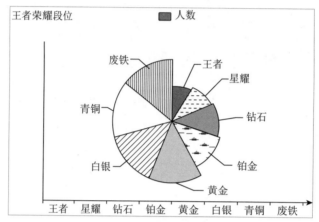

图 5-8　王者荣耀段位饼图

4. 散点图

要展示点在图上的分布坐标情况，可在 ECharts 的 option 中添加相应参数绘制散点图，完整代码如下：

代码 5-9：

```
<html>
<head>
    <meta charset="utf-8">
    <title> 散点图 </title>
    <script src="js/echarts.js"></script>
</head>
<body>
    <div id="scatter-chart" style="width: 600px;height:400px;"></div>
    <script>
        var data = [ [0, 0], [0, 1], [1, 1], [4, 3], [3, 4],[2, 1], [1, 2], [2, 2],
[3, 2], [2, 3] ];
        var myChart = echarts.init(document.getElementById('scatter-chart'));
        myChart.setOption({
            title: {
                text: ' 散点图 '    },
            xAxis: {
                name: 'X 轴 '       },
            yAxis: {
                name: 'Y 轴 '       },
            series: [{
                type: 'scatter',
                data: data,
                symbolSize: 10,
                itemStyle: {
```

```
                color: 'blue'
            }      }]      });
    </script>
</body>
</html>
```

绘制的散点图如图 5-9 所示。

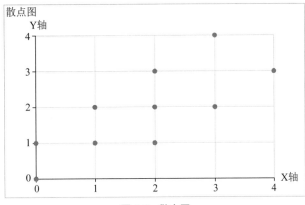

图 5-9　散点图

5. K 线图

要展示××××年上半年上证指数的情况，可在 ECharts 的 option 中添加相应参数绘制 K 线图，完整代码如下：

代码 5-10：

```
<html>
<head>
<meta charset="utf-8">
<title>K 线图 </title>
<script src="js/echarts.min.js"></script>
</head>
<body>
<div id="main" style="width: 600px;height:400px;"></div>
<script type="text/javascript">
var myChart = echarts.init(document.getElementById('main'));
var option = {
title: { text: '××××年上半年上证指数 ' },
tooltip: {    trigger: 'axis',formatter: function(params) {
var res = params[0].seriesName + ' ' + params[0].name;
res += '<br/> 开盘 : ' + params[0].value[0] + ' 最高 : ' + params[0].value[3];
res += '<br/> 收盘 : ' + params[0].value[1] + ' 最低 : ' + params[0].value[2];
return res; } },
legend: { data: [' 上证指数 '] },
toolbox: { show: true, feature: { mark: { show: true },
dataZoom: { show: true}, dataView: { show: true,readOnly: false},
magicType: {show: true,type: ['line', 'bar']},
restore: {show: true},saveAsImage: { show: true } } },
dataZoom: { show: true, realtime: true, start: 50, end: 100 },
xAxis: [{ type: 'category', boundaryGap: true, axisTick: { onGap: false},
```

```
splitLine: { show: false }, data: [
"XXXX/1/24", "XXXX/1/25", "XXXX/1/28", "XXXX/1/29", "XXXX/1/30",
"XXXX/1/31", "XXXX/2/1", "XXXX/2/4", "XXXX/2/5", "XXXX/2/6",
"XXXX/2/7", "XXXX/2/8", "XXXX/2/18", "XXXX/2/19", "XXXX/2/20",
"XXXX/2/21", "XXXX/2/22", "XXXX/2/25", "XXXX/2/26", "XXXX/2/27",
"XXXX/2/28", "XXXX/3/1", "XXXX/3/4", "XXXX/3/5", "XXXX/3/6",
"XXXX/3/7", "XXXX/3/8", "XXXX/3/11", "XXXX/3/12", "XXXX/3/13",
"XXXX/3/14", "XXXX/3/15", "XXXX/3/18", "XXXX/3/19", "XXXX/3/20",
"XXXX/3/21", "XXXX/3/22", "XXXX/3/25", "XXXX/3/26", "XXXX/3/27",
"XXXX/3/28", "XXXX/3/29", "XXXX/4/1", "XXXX/4/2", "XXXX/4/3",
"XXXX/4/8", "XXXX/4/9", "XXXX/4/10", "XXXX/4/11", "XXXX/4/12",
"XXXX/4/15", "XXXX/4/16", "XXXX/4/17", "XXXX/4/18", "XXXX/4/19",
"XXXX/4/22", "XXXX/4/23", "XXXX/4/24", "XXXX/4/25", "XXXX/4/26",
"XXXX/5/2", "XXXX/5/3", "XXXX/5/6", "XXXX/5/7", "XXXX/5/8",
"XXXX/5/9", "XXXX/5/10", "XXXX/5/13", "XXXX/5/14", "XXXX/5/15",
"XXXX/5/16", "XXXX/5/17", "XXXX/5/20", "XXXX/5/21", "XXXX/5/22",
"XXXX/5/23", "XXXX/5/24", "XXXX/5/27", "XXXX/5/28", "XXXX/5/29",
"XXXX/5/30", "XXXX/5/31", "XXXX/6/3", "XXXX/6/4", "XXXX/6/5",
"XXXX/6/6", "XXXX/6/7", "XXXX/6/13"] }],
yAxis: [{ type: 'value', scale: true, boundaryGap: [0.01, 0.01] }],
series: [{ name: '上证指数', type: 'k',
data: [ [2320.26, 2302.6, 2287.3, 2362.94],[2300, 2291.3, 2288.26, 2308.38],
[2295.35, 2346.5, 2295.35, 2346.92],[2347.22, 2358.98, 2337.35, 2363.8],[2360.75,
2382.48, 2347.89, 2383.76],[2383.43, 2385.42, 2371.23, 2391.82],
[2377.41, 2419.02, 2369.57, 2421.15],[2425.92, 2428.15, 2417.58, 2440.38],
[2411, 2433.13, 2403.3, 2437.42],[2432.68, 2434.48, 2427.7, 2441.73],
[2430.69, 2418.53, 2394.22, 2433.89],[2416.62, 2432.4, 2414.4, 2443.03],
[2441.91, 2421.56, 2415.43, 2444.8],[2420.26, 2382.91, 2373.53, 2427.07],
[2383.49, 2397.18, 2370.61, 2397.94],[2378.82, 2325.95, 2309.17, 2378.82],
[2322.94, 2314.16, 2308.76, 2330.88],[2320.62, 2325.82, 2315.01, 2338.78],
[2313.74, 2293.34, 2289.89, 2340.71],[2297.77, 2313.22, 2292.03, 2324.63],
[2322.32, 2365.59, 2308.92, 2366.16],[2364.54, 2359.51, 2330.86, 2369.65],
[2332.08, 2273.4, 2259.25, 2333.54],[2274.81, 2326.31, 2270.1, 2328.14],
[2333.61, 2347.18, 2321.6, 2351.44],[2340.44, 2324.29, 2304.27, 2352.02],
[2326.42, 2318.61, 2314.59, 2333.67],[2314.68, 2310.59, 2296.58, 2320.96],
[2309.16, 2286.6, 2264.83, 2333.29],[2282.17, 2263.97, 2253.25, 2286.33],
[2255.77, 2270.28, 2253.31, 2276.22],[2269.31, 2278.4, 2250, 2312.08],
[2267.29, 2240.02, 2239.21, 2276.05],[2244.26, 2257.43, 2232.02, 2261.31],
[2257.74, 2317.37, 2257.42, 2317.86],[2318.21, 2324.24, 2311.6, 2330.81],
[2321.4, 2328.28, 2314.97, 2332],[2334.74, 2326.72, 2319.91, 2344.89],
[2318.58, 2297.67, 2281.12, 2319.99],[2299.38, 2301.26, 2289, 2323.48],
[2273.55, 2236.3, 2232.91, 2273.55],[2238.49, 2236.62, 2228.81, 2246.87],
[2229.46, 2234.4, 2227.31, 2243.95],[2234.9, 2227.74, 2220.44, 2253.42],
[2232.69, 2225.29, 2217.25, 2241.34],[2196.24, 2211.59, 2180.67, 2212.59],
[2215.47, 2225.77, 2215.47, 2234.73],[2224.93, 2226.13, 2212.56, 2233.04]
] }] };
myChart.setOption(option);
</script>
</body>
</html>
```

绘制的 K 线图如图 5-10 所示。

图 5-10　K 线图

6. 热力图

要模拟 2023 年某网站被点击的次数，可在 ECharts 的 option 中添加相应参数绘制热力图，完整的代码如下：

代码 5-11：

```
<html>
<head>
<meta charset="utf-8">
<title>2023 年某网站被点击的次数 </title>
<script src="js/echarts.min.js"></script>
</head>
<body>
<div id="main" style="width:100%;height:400px;"></div>
<script type="text/javascript">
var myChart = echarts.init(document.getElementById('main'));
    function getVirtulData(year) {
        year = year || '2023 年 ';
        var date = +echarts.number.parseDate(year + '-01-01');
        var end  = +echarts.number.parseDate(year + '-12-31');
        var dayTime = 3600 * 24 * 1000;
        var data = [];
        for (var time = date; time <= end; time += dayTime) {
            data.push([
                echarts.format.formatTime('yyyy-MM-dd', time),
                Math.floor(Math.random() * 10000)
            ]);    }
        return data;        }
    var option = {
        title: {  text: '2023 年某网站被点击的次数 ',x:'center',y:'top' },
        grid: { left: '50%'  },
        visualMap: {
```

```
                    show: false,
                    min: 0,
                    max: 10000      },
                calendar: {
                    range: '2023'       },
                series: {
                    type: 'heatmap',
                    coordinateSystem: 'calendar',
                    data: getVirtulData(2023)     }          };
        myChart.setOption(option);
</script>
</body>
</html>
```

绘制的热力图如图 5-11 所示。

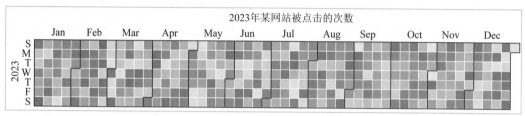

图 5-11　热力图

7. 树图

主干为"根",下面有 analytics、animate、data、display、flex、physics、query、scale、util、vis 等分枝,每条分枝下面又有各自的枝干,使用 ECharts 中的 setOption 方法设置相应参数绘制树图,代码如下:

代码 5-12:

```
<head>
    <script type="text/javascript" src="js/echarts.min.js"></script>
    <script type="text/javascript" src="js/jquery.js"></script>
</head>
<body style="height: 600px; margin: 0">
<div id="container" style="height: 100%"></div>
<script type="text/javascript">
    var dom = document.getElementById("container");
    var myChart = echarts.init(dom);
    var app = {};
    option = null;
    myChart.showLoading();
    $.get('data/flare.json', function (data) {
        myChart.hideLoading();
        myChart.setOption(option = {
            tooltip: { trigger: 'item',triggerOn: 'mousemove' },
            series: [
                { type: 'tree',data: [data], top: '18%',bottom: '14%',
                    layout: 'radial',symbol: 'emptyCircle', symbolSize: 7,
                    initialTreeDepth: 3, animationDurationUpdate: 750
                } ] }); });
```

```
    if (option && typeof option === "object") {
        var startTime = +new Date();
        myChart.setOption(option, true);
        var endTime = +new Date();
        var updateTime = endTime - startTime;
        console.log("Time used:", updateTime);
    }
</script>
</body>
</html>
```

绘制的树图如图 5-12 所示。

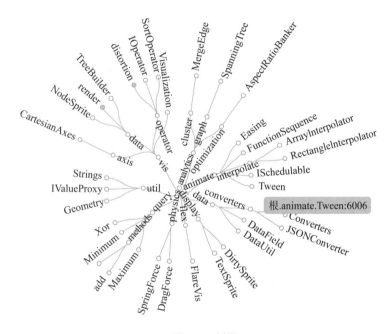

图 5-12　树图

8. 矩形树图

要展示矩形树图的分布情况，可使用 ECharts 中的 setOption 方法添加相应参数来绘制矩形树图，完整的代码如下：

代码 5-13：

```
<html lang="en">
<head>
    <meta charset="UTF-8">
    <meta http-equiv="X-UA-Compatible" content="IE=edge">
    <meta name="viewport" content="width=device-width, initial-scale=1.0">
    <title> 矩形树图 </title>
    <script src="js/echarts.min.js"></script>
</head>
<body>
    <div id="container" style="width:500px;height:500px;">
</div>
```

```
<script src="js/tree.js"></script>
</body>
</html>
```

绘制的矩形树图如图 5-13 所示。

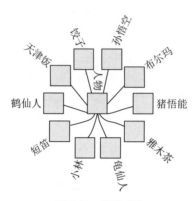

图 5-13　矩形树图

9. 桑基图

在 option 中添加参数来绘制桑基图，完整代码如下：

代码 5-14：

```
<html>
    <head>
        <title>桑基图 </title>
        <script src="js/jquery.js"></script>
        <script src="js/echarts.min.js"></script>
</head>
    <body>
        <div class="container"></div>
        <div class="line"></div>
        <div id="main"  style="width: 800px;height:300px;"></div>
<script type="text/javascript">
var data = [
{name: 'aa',value: 10},{name: 'bb',value: 10},
{name: 'cc',value: 10},{name: 'dd',value: 10},
{name: 'ccc',value: 10},{name: 'ddd',value: 10}
 ];
var links = [
{source: 'aa',target: 'cc',value:3},{source: 'aa',target: 'dd',value:4},
{source: 'bb',target: 'cc',value:8},{source: 'bb',target: 'dd',value:9},
{source: 'cc',target: 'ccc',value:3},{source: 'cc',target: 'ddd',value:4},
{source: 'dd',target: 'ccc',value:3},{source: 'dd',target: 'ddd',value:3},
{source: 'ccc',target: 'cccc',value:3},{source: 'cc',target: 'dddd',value:4},
{source: 'ddd',target: 'cccc',value:3},{source: 'dd',target: 'dddd',value:3},
]
var myChart = echarts.init(document.getElementById('main'));
var option ={
    tooltip: { trigger: 'item',triggerOn: 'mousemove' },
    color : [ '#60C0DD','#D7504B','#C6E579','#F4E001','#F0805A','#26C0C0'],
    series: [ { type: 'sankey',data: data,links: links,
```

```
    itemStyle: { normal: { borderWidth:2,borderColor: '#aaa',show: true, } },
 lineStyle: {normal: { color: 'source', curveness: 0.6 } } } ] }
myChart.setOption(option);
    </script>
    </body>
</html>
```

绘制的桑基图如图 5-14 所示。

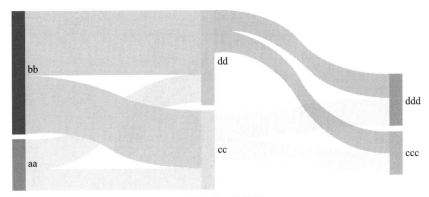

图 5-14　桑基图

10. 仪表盘图

在 option 中添加参数来绘制仪表盘图，完整代码如下：

代码 5-15：

```
<html>
    <head>
        <meta charset="utf-8">
        <title>仪表盘</title>
        <script src="js/echarts.min.js"></script>
        <script src="js/jquery.js"></script>
    </head>
    <body>
        <div id="main" style="width: 600px;height:400px;"></div>
        <script type="text/javascript">
            var myChart = echarts.init(document.getElementById('main'));
            myChart.setOption({
                tooltip: {
                    formatter: "{a} <br/>{b} : {c}%"
                },
                toolbox: {
                    feature: {
                        restore: {},
                        saveAsImage: {}
                    }
                },
                series: [{
                    name: '业务指标',
                    type: 'gauge',
                    detail: { formatter: '{value}%' },
                    data: [{ value: 62, name: '工作完成率' }]
```

```
        }]
    });
    setInterval(function() {
        option.series[0].data[0].value = (Math.random() * 100).toFixed(2) - 0;
        myChart.setOption(option, true);
    }, 2000);
    </script>
    </body>
</html>
```

绘制的仪表盘图如图 5-15 所示。

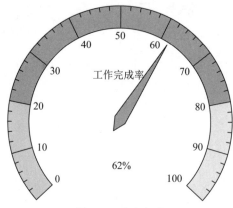

图 5-15　仪表盘图

11. 主题河流图

要展示一个主题河流图的流动情况，可在 option 中添加相应参数来绘制主题河流图，完整代码如下：

代码 5-16：

```
<html>
<head>
<meta charset="utf-8">
<title> 主题河流图 </title>
<script src="js/echarts.min.js"></script>
<script src="js/jquery.min.js"></script>
</head>
<body>
<div id="main" style="width: 800px;height:400px;"></div>
<script type="text/javascript">
var myChart = echarts.init(document.getElementById('main'));
var option;
var rawData = [
    [0, 0, 0, 0, 0, 0, 0, 0, 0, 0, 0, 0, 0, 0, 0, 0, 0, 0, 0],
    [0, 49, 67, 16, 0, 19, 19, 0, 0, 1, 10, 5, 6, 1, 1, 0, 25, 0, 0, 0],
    [0, 6, 3, 34, 0, 16, 1, 0, 0, 1, 6, 0, 1, 56, 0, 2, 0, 2, 0, 0],
    [0, 8, 13, 15, 0, 12, 23, 0, 0, 1, 0, 1, 0, 0, 6, 0, 0, 1, 0, 1],
    [0, 9, 28, 0, 91, 6, 1, 0, 0, 0, 7, 18, 0, 9, 16, 0, 1, 0, 0, 0],
    [0, 3, 42, 36, 21, 0, 1, 0, 0, 0, 0, 16, 30, 1, 4, 62, 55, 1, 0, 0],
```

```
    [0, 7, 13, 12, 64, 5, 0, 0, 0, 8, 17, 3, 72, 1, 1, 53, 1, 0, 0, 0],
    [1, 14, 13, 7, 8, 8, 7, 0, 1, 1, 14, 6, 44, 8, 7, 17, 21, 1, 0, 0],
    [0, 6, 14, 2, 14, 1, 0, 0, 0, 0, 2, 2, 7, 15, 6, 3, 0, 0, 0, 0],
    [0, 9, 11, 3, 0, 8, 0, 0, 14, 2, 0, 1, 1, 1, 7, 13, 2, 1, 0, 0],
    [0, 7, 5, 10, 8, 21, 0, 0, 130, 1, 2, 18, 6, 1, 5, 1, 4, 1, 0, 7],
    [0, 2, 15, 1, 5, 5, 0, 0, 6, 0, 0, 0, 4, 1, 3, 1, 17, 0, 0, 9],
    [0, 0, 0, 0, 0, 0, 0, 0, 0, 0, 0, 0, 0, 0, 0, 0, 0, 0, 0, 0],
    [6, 27, 26, 1, 0, 11, 1, 0, 0, 0, 1, 1, 2, 0, 0, 9, 1, 0, 0, 0],
    [31, 81, 11, 6, 11, 0, 0, 0, 0, 0, 0, 0, 3, 2, 0, 3, 14, 0, 0, 12],
    [19, 53, 6, 20, 0, 4, 37, 0, 30, 86, 43, 7, 5, 7, 17, 19, 2, 0, 0, 5],
    [0, 22, 14, 6, 10, 24, 18, 0, 13, 21, 5, 2, 13, 35, 7, 1, 8, 0, 0, 1],
    [0, 56, 5, 0, 0, 0, 0, 0, 7, 24, 0, 17, 7, 0, 0, 3, 0, 0, 0, 8],
    [18, 29, 3, 6, 11, 0, 15, 0, 12, 42, 37, 0, 3, 3, 13, 8, 0, 0, 0, 1],
    [32, 39, 37, 3, 33, 21, 6, 0, 4, 17, 0, 11, 8, 2, 3, 0, 23, 0, 0, 17],
    [72, 15, 28, 0, 0, 0, 0, 0, 1, 3, 0, 35, 0, 9, 17, 1, 9, 1, 0, 8],
    [11, 15, 4, 2, 0, 18, 10, 0, 20, 3, 0, 0, 2, 0, 0, 2, 2, 30, 0, 0],
    [14, 29, 19, 3, 2, 17, 13, 0, 7, 12, 2, 0, 6, 0, 0, 1, 1, 34, 0, 1],
    [1, 1, 7, 6, 1, 1, 15, 1, 1, 2, 1, 3, 1, 1, 9, 1, 1, 25, 1, 72]
];
var labels = [
    'The Sea and Cake','Andrew Bird','Laura Veirs',
    'Brian Eno','Christopher Willits','Wilco',
    'Edgar Meyer','B\xc3\xa9la Fleck','Fleet Foxes',
    'Kings of Convenience','Brett Dennen','Psapp',
    'The Bad Plus','Feist','Battles','Avishai Cohen',
    'Rachael Yamagata', 'Norah Jones','B\xc3\xa9la Fleck and the Flecktones',
    'Joshua Redman'
];
var data = [];
for (var i = 0; i < rawData.length; i++) {
    for (var j = 0; j < rawData[i].length; j++) {
        var label = labels[i];
        data.push([
            j, rawData[i][j], label
        ]);
    }
}
option = {
    singleAxis: {
        max: 'dataMax'
    },
    series: [{
        type: 'themeRiver',
        data: data,
        label: {
            normal: {
                show: false
            }
        }
    }]
};
```

```
myChart.setOption(option);
</script>
</body>
</html>
```

绘制的主题河流图如图 5-16 所示。

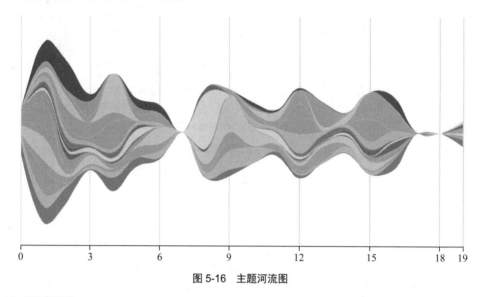

图 5-16　主题河流图

12. 关系图谱

要展示人与人之间的关系，可在 option 中添加相应参数来绘制关系图谱，完整代码如下：

代码 5-17：

```
<html>
<head>
    <meta name="viewport" content="width=device-width"/>
    <title>关系图谱</title>
    <script src="js/jquery.min.js"></script>
    <script src="js/echarts.min.js"></script>
    <style type="text/css">
        html, body, #main {
            height: 100%; width: 100%; margin: 0;padding: 0
        }
    </style>
</head>
<body>
<div id="main" style=""></div>
<script type="text/javascript">
    var myChart = echarts.init(document.getElementById('main'));
    option = {
        title: {text: '关系图谱'},
        tooltip: {
            formatter: function (x) {
                return x.data.des;
            } },
```

```
series: [ {
      type: 'graph',
      layout: 'force',
      symbolSize: 80,
      roam: true,
      edgeSymbol: ['circle', 'arrow'],
      edgeSymbolSize: [4, 10],
      edgeLabel: {
         normal: {
            textStyle: {
               fontSize: 20
         } } },
      force: {
         repulsion: 2500,
         edgeLength: [10, 50]
      },
      draggable: true,
      itemStyle: {
         normal: {
            color: '#4b565b'
         } },
      lineStyle: {
         normal: {
            width: 2,
            color: '#4b565b'
         } },
      edgeLabel: {
         normal: {
            show: true,
            formatter: function (x) {
               return x.data.name;
         } } },
      label: {
         normal: {
            show: true,
            textStyle: {}
         } },
      data: [ {
            name: '张三',
            des: '退休',
            symbolSize: 100,
            itemStyle: {
               normal: {
                  color: 'red'
               } } }, {
            name: '李四',
            des: '自己创业',
            itemStyle: {
               normal: {
                  color: 'red'
               } } }, {
```

```
            name: '王五',
            des: '测试人员',
            symbolSize: 50
        }, {
            name: '天天',
            des: '程序员',
            itemStyle: {
                normal: {
                    color: 'red'
                }    }    }    ],
        links: [    {
            source: '张三',
            target: '李四',
            name: '姐妹',
            des: '张三与户主李四关系为姐妹'    }, {
            source: '王五',
            target: '李四',
            name: '朋友'    }, {
            source: '天天',
            target: '王五',
            name: "同事"    }, {
            source: '李四',
            target: '天天',
            name: "父子"    }    ]    }    ]    };
    myChart.setOption(option);
</script>
</body>
</html>
```

绘制的关系图谱如图 5-17 所示。

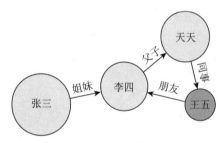

图 5-17   关系图谱

5.3   本章习题

一、问答题

1. 什么是数据可视化技术？

2. 数据可视化技术有何优点？

3. 数据可视化技术借助什么软件？

4. 什么是 ECharts ？

5. ECharts 的特点有哪些？

6. ECharts 3.x 与 ECharts 2.x 的区别是什么？

7. ECharts 和 Chart 对比有何异同？

8. ECharts 支持哪些图标？

9. JFreeChart 是什么？

10. JFreeChart 有什么特点？

第 6 章
Python 编程数据可视化

本章学习目标：

- 掌握 Matplotlib 可视化工具及其应用。
- 掌握 Bokeh 可视化工具及其应用。
- 掌握 Pairplot 可视化工具及其应用。
- 掌握 Pyecharts 可视化工具及其应用。

本章介绍 Matplotlib、Bokeh、Pairplot、Pyecharts 4 种 Python 可视化工具及其应用案例的制作和使用。

6.1 Matplotlib 可视化

本节主要介绍 Python 可视化工具 Matplotlib 及其应用。

6.1.1 Matplotlib 简介

Matplotlib 是一个强大的工具，它是 Pandas 的 builtin-plotting 功能和 Seaborn 库的基础。Matplotlib 能够绘制许多不同的图形，还能调用多个级别的 API。Matplotlib 并不局限于处理 DataFrame 数据，它支持所有使用 getitem 作为键值的数据类型。

Matplotlib 的特点是功能强大、代码相对复杂，具体表现在以下几方面：

- Matplotlib 是 Python 编程语言的开源绘图库。它是 Python 可视化软件包中最突出的、使用最广泛的绘图工具。
- Matplotlib 在执行各种任务方面非常高效，可以将可视化文件导出为所有常见格式（如 PDF、SVG、JPG、PNG、BMP 和 GIF 等格式）。
- Matplotlib 可以创建流行的可视化类型，如折线图、散点图、直方图、条形图、误差图、饼图、箱形图及更多其他类型的图，还支持 3D 绘图。
- 许多 Python 库都是基于 Matplotlib 构建的，Pandas 和 Seaborn 是在 Matplotlib 上构建的。
- Matplotlib 项目由 John Hunter 于 2002 年启动，Matplotlib 最初是在神经生物学的博士后研究期间开始可视化癫痫患者的脑电图（ECoG）数据的。

Matplotlib 试图让简单的事情变得更简单，让无法实现的事情变得可能实现。Matplotlib 是 Python 中最常用的可视化工具之一，它的功能非常强大，可以通过调用函数轻松方便地绘制数据分析中常见的各种图像, 如折线图、条形图、柱形图、散点图、饼图等。

Matplotlib 是 Python 语言的内置绘图库, 在 Python 代码开始位置导入该绘图库即可正常使用, 一般导入方式如下:

```
import matplotlib.pyplot as plt
```

6.1.2　Matplotlib 应用案例

1. 柱形图

有 A、B、C、D、E 5 种产品, 它们的销售数据分别为 20、35、30、35、27。可以使用柱形图来体现销售数据。在 Matplotlib 中可使用 pyplot 的 bar() 方法来绘制柱形图, 代码如下:

代码 6-1:

```
import matplotlib.pyplot as plt
import numpy as np
# 解决中文显示问题
plt.rcParams['font.sans-serif'] = ['SimHei']      # 显示中文标签, 指定默认字体
plt.rcParams['axes.unicode_minus'] = False        # 解决保存的图像是负号但显示为方块的问题
plt.figure(3)
x_index = np.arange(5)                            # 柱的索引
x_data = ('A', 'B', 'C', 'D', 'E')
y1_data = (20, 35, 30, 35, 27)
# y2_data = (25, 32, 34, 20, 25)
bar_width = 0.35                                  # 定义一个数字代表每个独立柱的宽度
# 参数: 左偏移、高度、柱宽、透明度、颜色、图例
plt.bar(x_index, y1_data,
        # width=bar_width,
        # alpha=0.9,
        # color='b',
        label='legend1'
        )
for x, y in zip(x_index, y1_data):
    plt.text(x, y, s='%.2f' % y)
# 关于左偏移, 不用关心每根柱的中心, 只要把刻度线设置在柱的中间即可
plt.xticks(x_index + bar_width / 2, x_data)       # x 轴刻度线
plt.legend()                                      # 显示图例
plt.tight_layout()                                # 自动控制图像外部边缘, 此方法不能很好地控制图像的间隔
print(plt.style.available)
plt.style.use('ggplot')
plt.show()                                        # 显示图像
```

绘制的柱形图如图 6-1 所示。

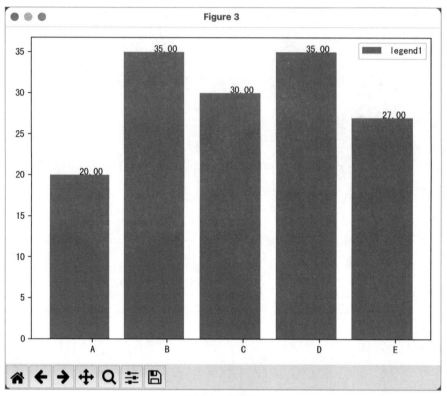

图 6-1　柱形图

2. 折线图

某只股票分别在 7 个时间点的价格波动情况可以用折线图来表示。x 轴代表连续时间点，y 轴代表不同时间点的股票价格。在 Matplotlib 中可以调用 pyplot 的 plot() 方法来绘制折线图，代码如下：

代码 6-2：

```
import matplotlib.pyplot as plt
x1 = range(0, 7)
y1 = [10, 13, 5, 40, 3, 21, 31]
plt.plot(x1, y1, label='Frist line', linewidth=3, color='r', marker='o',
        markerfacecolor='blue', markersize=12)
plt.xlabel('Plot Number')                       # x 轴名称
plt.ylabel('Important var')                     # y 轴名称
# xticks: x 轴刻度值
plt.xticks(range(16))
plt.xlim(0, 6)                                  # x 轴数据范围
plt.title('Interesting Graph\nCheck it out')    # 设置标题
plt.legend()                                    # 显示图例
plt.show()
```

绘制的折线图如图 6-2 所示。

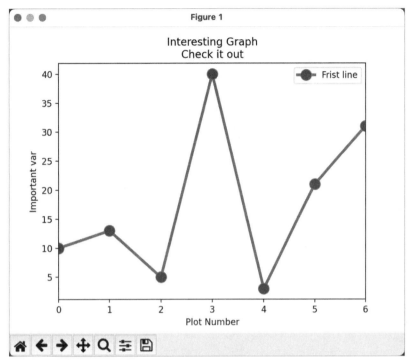

图 6-2　折线图

3. 饼图

某公司总共有 3 个大股东，各股东占公司股份的比例可以用饼图表示。在 Matplotlib 中可以调用 pyplot 的 pie() 方法来绘制饼图，代码如下。

代码 6-3：

```
from matplotlib import pyplot as plt
plt.figure(figsize=(6, 6))                          # 设置图形的宽、高
labels = [u'No.1', 'No.2', u'No.3']                 # 定义饼图的标签
sizes = [60, 30, 180]                               # 每个标签占多大，会自动去计算百分比
colors = ['red', 'yellowgreen', 'lightskyblue']     # 设置颜色
explode = (0.05, 0, 0)                              # 将某部分爆炸出来
patches, l_text, p_text = plt.pie(sizes,
                        explode=explode,            # 设置爆炸比例
                        labels=labels,              # 设置标签
                        colors=colors,              # 设置颜色
                        labeldistance=1.1,          # 标签的绘制位置，相对于半径的比例，默
                                                    认值为 1.1，如 <1，则绘制在饼图内侧
                        autopct='%3.1f%%',          # 文本格式，小数有 3 位、整数有 1 位的浮点数
                        shadow=False,               # 饼是否有阴影
                        startangle=90,              # 起始角度
                        pctdistance=0.6             # 文本离圆心的距离的百分比，类似于
                                                    labeldistance，指定 autopct 的位置刻
                                                    度，默认值为 0.6
                        )
plt.axis('equal')                                   # 设置 x、y 轴刻度一致，这样饼图才能是圆的
plt.legend()                                        # 显示图例
plt.show()                                          # 显示图像
```

绘制的饼图如图 6-3 所示。

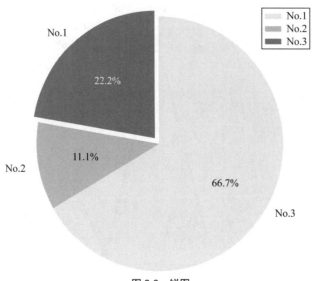

图 6-3　饼图

4. 散点图

NumPy 中随机数字出现的密集情况可以用散点图展示，在 Matplotlib 中可以调用 pyplot 的 scatter() 方法绘制散点图，完整代码如下：

代码 6-4：

```
import matplotlib.pyplot as plt
import numpy as np
# 解决中文显示问题
plt.rcParams['font.sans-serif'] = ['SimHei']        # 显示中文标签，指定默认字体
plt.rcParams['axes.unicode_minus']=False            # 解决保存的图像是负号但显示为方块的问题
fig = plt.figure(4)                                 # 添加一个窗口
ax = fig.add_subplot(1, 1, 1)                       # 在窗口上添加一个子图
x = np.random.random(100)                           # 创建随机数组
y1 = np.random.random(100)                          # 创建随机数组
y2 = np.random.random(100)                          # 创建随机数组
ax.scatter(x, y1, s=x * 100, c='b', marker=('o'), alpha=0.6, lw=2,
facecolors='none')
                # x 为横坐标，y 为纵坐标，s 为图像大小，c 为颜色，marker 为图片，lw 为图像边框宽度
ax.scatter(x, y2, s=x * 100, c='r', marker=('o'), alpha=0.6, lw=2,
facecolors='none')
                # x 为横坐标，y 为纵坐标，s 为图像大小，c 为颜色，marker 为图片，lw 为图像边框宽度
plt.title(" 散点图 ")            # 图像标题
plt.show()                      # 显示图像
```

绘制的散点图如图 6-4 所示。

5. 直方图

现有 8 个均匀的时间段，要使用直方图显示在这 8 个均匀时间段中某物体质量波动的状态。在 Matplotlib 中可以调用 pyplot 的 hist() 方法绘制直方图，完整代码如下：

代码 6-5：

```
import matplotlib.pyplot as plt
import numpy as np
plt.rcParams["font.sans-serif"]=["SimHei"]        # 设置字体
plt.rcParams["axes.unicode_minus"]=False          # 该语句解决图像中的负号（"-"）的乱码问题
x = [2, 7, 4, 6, 5, 8, 9, 6, 9]
print(x)
bins = np.arange(0, 9, 1)                          # 设置连续的边界值，即直方图的分布区间 [0,10]，[10,20]
print(bins)
# 直方图用于展示各个区间的统计数值
plt.hist(x, bins=bins, color='red', alpha=0.6)     # alpha 设置透明度，0 为完全透明
plt.xlabel(' 分数 ')                               # x 轴名称
plt.ylabel(' 总数 ')                               # y 轴名称
plt.xlim(1, 9)                                      # 设置 x 轴分布范围
plt.show()
```

绘制的直方图如图 6-5 所示。

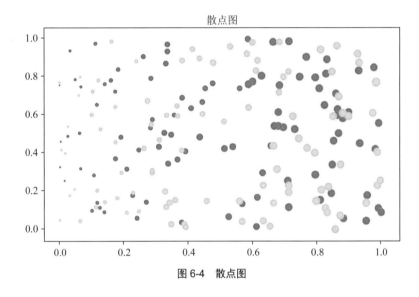

图 6-4　散点图

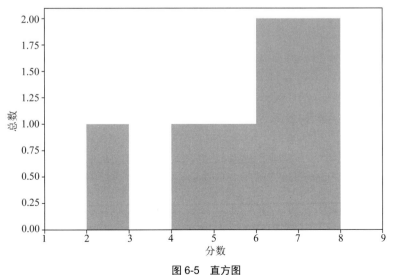

图 6-5　直方图

6. 热力图

想要显示某旅游景点各个地理位置的游客分布情况，可以使用热力图。在 Matplotlib 中可以使用 pyplot 的 cm.cool 属性并调用 colorbar() 函数展示数值和颜色的对应规则来绘制热力图，代码如下：

代码 6-6:

```
import numpy as np
import matplotlib.pyplot as plt
# 创建随机数组
x = np.random.rand(100).reshape(10, 10)
# 绘制图形
plt.imshow(x, cmap=plt.cm.cool, vmin=0, vmax=1)
plt.colorbar()
plt.show() # 显示图形
```

绘制的热力图如图 6-6 所示。

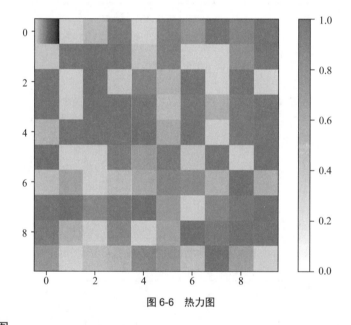

图 6-6　热力图

7. 极坐标图

想要显示某个公司的销售部门中业绩排名前 5 名的员工业绩，可以使用极坐标图。在 Matplotlib 中可以调用 pyplot 的 thetagrids() 方法绘制极坐标图，代码如下：

代码 6-7:

```
import matplotlib.pyplot as plt
import numpy as np
plt.rcParams["font.sans-serif"]=["SimHei"]
plt.rcParams["axes.unicode_minus"]=False
employee = ["Sam", "Rony", "Albert", "Chris", "Jahrum"]
actual = [45, 53, 55, 61, 57, 45]
expected = [50, 55, 60, 65, 55, 50]
# 初始化画布
```

```
plt.figure(figsize=(10, 6))
plt.subplot(polar=True)
theta = np.linspace(0, 2 * np.pi, len(actual))
lines, labels = plt.thetagrids(range(0, 360, int(360/len(employee))), (employee))
# 绘图
plt.plot(theta, actual)
plt.fill(theta, actual, 'b', alpha=0.1)
plt.plot(theta, expected)
# 增加图例和标题
plt.legend(labels=('Actual', 'Expected'), loc=1)
plt.title(" 员工的实际与预期销售额 ")
# 显示图形
plt.show()
```

绘制的极坐标图如图 6-7 所示。

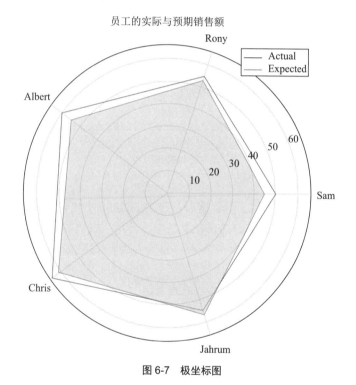

图 6-7　极坐标图

8. 箱形图

通过 seaborn 的 load_dataset() 方法获取数据集 I、II、III、IV，然后在 Matplotlib 中调用
boxplot() 方法绘制箱形图，代码如下：

代码 6-8：

```
import matplotlib.pyplot as plt
import seaborn as sns
anscombe = sns.load_dataset("anscombe")   # 获取数据
print(anscombe)
# 数据集 1
anscombe1 = anscombe.loc[anscombe.dataset == 'I']['y']
# 数据集 2
```

```
anscombe2 = anscombe.loc[anscombe.dataset == 'II']['y']
# 数据集 3
anscombe3 = anscombe.loc[anscombe.dataset == 'III']['y']
# 数据集 4
anscombe4 = anscombe.loc[anscombe.dataset == 'IV']['y']
plt.figure(figsize=(10, 5))                          # 设置画布的尺寸
plt.title('Boxplot', fontsize=20)                    # 标题，并设置字体大小
labels = 'I', 'II', 'III', 'IV'                      # 图例
plt.boxplot([anscombe1, anscombe2, anscombe3, anscombe4], labels=labels)  # 绘制箱形图
plt.show()                                           # 显示图形
```

绘制的箱形图如图 6-8 所示。

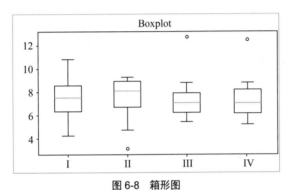

图 6-8　箱形图

9. 三维立体图

通过 NumPy 得到 x、y、z 轴的 3 组数据后，在 Matplotlib 中先调用 pyplot 的 figure() 方法创建自定义图形，再调用 add_subplot() 方法绘制三维立体图，代码如下：

代码 6-9：

```
import matplotlib.pyplot as plt
import numpy as np
from mpl_toolkits.mplot3d import Axes3D
fig = plt.figure(5)
ax = fig.add_subplot(1, 1, 1, projection='3d')       # 绘制三维图
x, y = np.mgrid[-2:2:20j, -2:2:20j]                  # 获取 x 轴、y 轴数据
z = x * np.exp(-x ** 2 - y ** 2)                     # 获取 z 轴数据
ax.plot_surface(x, y, z, rstride=2, cstride=1, cmap=plt.cm.coolwarm, alpha=0.8)
                                                     # 绘制三维图表面
ax.set_xlabel('x 轴 ')                               # x 轴名称
ax.set_ylabel('y 轴 ')                               # y 轴名称
ax.set_zlabel('z 轴 ')                               # z 轴名称
plt.show()
```

绘制的三维立体图如图 6-9 所示。

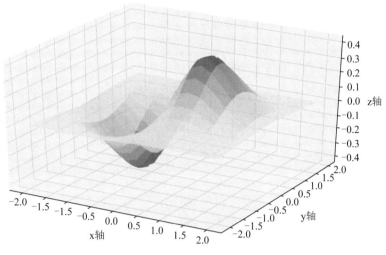

图 6-9　三维立体图

10. 气泡图

使用气泡图展示两家公司各个岗位的人员分布情况，先使用 Pandas 生成模拟数据，然后在 Matplotlib 中调用 pyplot 的 scatter() 方法绘制气泡图，代码如下：

代码 6-10：

```python
import numpy as np
import matplotlib.pyplot as plt
import pandas as pd
# 准备数据
df = pd.DataFrame({'Company1':['Chemist', 'Scientist', 'Worker',
                    'Accountant', 'Programmer', 'Chemist',
                    'Scientist', 'Worker', 'Statistician',
                    'Programmer', 'Chemist', 'Accountant', 'Statistician',
                    'Scientist', 'Accountant', 'Chemist',
                    'Scientist', 'Statistician', 'Statistician',
                    'Programmer'],
                    'Company2':['Programmer', 'Statistician', 'Scientist',
                    'Statistician', 'Worker', 'Chemist',
                    'Accountant', 'Accountant', 'Statistician',
                    'Chemist', 'Programmer', 'Scientist', 'Scientist',
                    'Accountant', 'Programmer', 'Chemist',
                    'Accountant', 'Scientist', 'Scientist',
                    'Worker'],
                    'Count':[53, 15, 1, 2, 4, 22, 6, 1, 15, 15,
                            1, 1, 2, 2, 4, 4, 22, 22, 6, 6]
                    })
# 根据既不太小也不太大的圆的值创建填充列
df["padd"] = 2.5 * (df.Count - df.Count.min()) / (df.Count.max() - df.Count.min()) + 0.5
fig = plt.figure()
# 画出散点图并对数据进行排序
s = plt.scatter(sorted(df.Company1.unique()),
                sorted(df.Company2.unique(), reverse = True), s = 0)
s.remove
# 根据计数将数据以文本方式按行打印在圆心的位置
```

```
for row in df.itertuples():
    bbox_props = dict(boxstyle = "circle, pad = {}".format(row.padd),
                      fc = "w", ec = "b", lw = 2)
    plt.annotate(str(row.Count), xy = (row.Company1, row.Company2),
                 bbox = bbox_props, ha="center", va="center", zorder = 2,
                 clip_on = True)
# 画出网格线
plt.grid(ls = "--", zorder = 1)
# 注意长标签
fig.autofmt_xdate()
plt.tight_layout()
plt.show() # 显示图形
```

绘制的气泡图如图 6-10 所示。

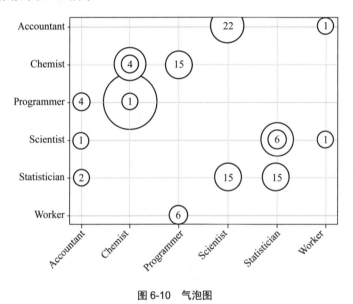

图 6-10　气泡图

6.2　Bokeh 可视化

本节主要介绍 Bokeh 可视化及其应用。

6.2.1　Bokeh 简介

Bokeh 是一款针对浏览器开发的可视化工具。和 Matplotlib 一样，Bokeh 拥有一系列 API 接口，如 Glpyhs 接口，该接口与 Matplotlib 中的 Artists 接口非常相似，主要用于绘制环形图、方形图和多边形图等。最近 Bokeh 又开放了一个新的图形接口，该接口主要用于处理词典数据或 DataFrame 数据，并用于绘制罐头图。

Bokeh 是一个专门针对 Web 浏览器的呈现功能的交互式可视化 Python 库，能够绘制运动、含有链接等的动态图片，这是 Bokeh 与其他可视化库最核心的区别。Bokeh 有如下 5 方面的优势：

（1）Bokeh 通过简单的指令就能快速创建复杂的统计图。

（2）Bokeh 提供到各种媒体，如 HTML、Notebook 文档和服务器的输出。

（3）可以将 Bokeh 可视化嵌入 Flash 和 Django 程序。

（4）Bokeh 可以转换写在其他库（如 Matplotlib、Seaborn 和 Ggplot）中的可视化。

（5）Bokeh 能灵活地将交互式应用、布局和不同样式选择用于可视化。

Bokeh 是 Python 的第三方绘图库，在 Python 代码开始处导入该绘图库即可，例如：

```
from bokeh.plotting import figure, show
from bokeh.sampledata.stocks import AAPL
```

6.2.2 Bokeh 应用案例

1. 折线图

某只股票在 5 个时间点的波动情况可以用折线图表示，在 Bokeh 中使用 figure 类创建自定义图像后再调用 line() 方法绘制折线图，完整代码如下：

代码 6-11：

```
from bokeh.plotting import figure, output_file, show
# 输出文件
output_file("bokeh_ 折线图 .html")
x = range(1, 20)                              # x 轴数据
y = [3, 2, 2, 1, 2]                           # y 轴数据
plot = figure(title='bokeh_ 折线图 ', x_axis_label='x', y_axis_label='y',plot_width=
600, plot_height=400  )
plot.line(x, y, legend='Test', line_width=4)     # 绘制折线图
show(plot)
```

绘制的折线图如图 6-11 所示。

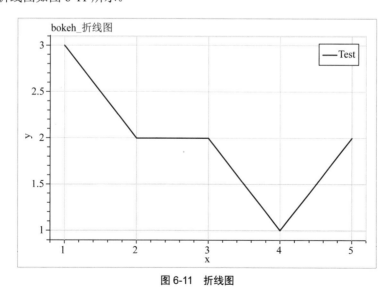

图 6-11 折线图

2. 柱形图

在 Bokeh 中使用 figure 类创建自定义图像后再调用 vbar() 方法绘制柱形图，代码如下：

代码 6-12：

```
from bokeh.io import show, output_file
from bokeh.plotting import figure
# 输出文件
output_file("bokeh_bar.html")
# 测试数据
fruits = ['苹果', '梨', '油桃', '梅', '葡萄', '草莓']
# 画图
p = figure(x_range=fruits,              # 绘图数据
           plot_height=250,             # 图高
           title=" 水果数量 ",           # 标题
           tools="save"                 # 保存工具
          )
p.vbar(x=fruits, top=[5, 3, 4, 2, 4, 6], width=0.9)
p.xgrid.grid_line_color = None
p.y_range.start = 0
show(p)
```

绘制的柱形图如图 6-12 所示。

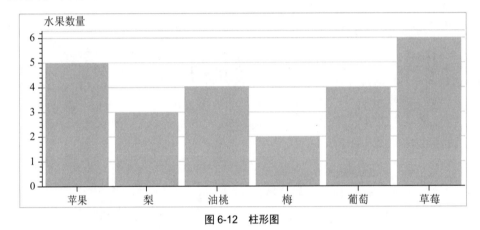

图 6-12　柱形图

3. 散点图

通过 Pandas 模拟散点图数据，在 Bokeh 中使用 figure 类创建自定义图像后再调用 circle() 方法绘制散点图，完整代码如下：

代码 6-13：

```
import pandas as pd
import numpy as np
from bokeh.plotting import figure
from bokeh.io import show, output_file
# 输出文件
output_file(filename='bokeh_scatter.html')
# 创建数据
s = pd.Series(np.random.randn(80))
# 创建散点图
p = figure(plot_width=800, plot_height=400)
# 创建圆形渲染器
```

```
p.circle([1, 2, 3, 4, 5, 3, 4, 5, 6, 6, 1, 2, 3, 4, 2, 1, 2, 3, 4, 2],
         [4, 7, 1, 6, 3, 3, 4, 5, 6, 6, 1, 2, 3, 4, 2, 3, 3, 4, 5, 6],
         size=10, color="navy", alpha=0.5)
# 展示结果
show(p)
```

绘制的散点图如图 6-13 所示。

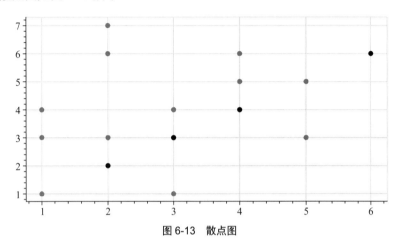

图 6-13　散点图

4. 箱形图

在 Bokeh 中使用 figure 类创建自定义图像并添加相应参数来绘制箱形图，代码如下：

代码 6-14:

```
import numpy as np
import pandas as pd
from bokeh.plotting import figure, show
# 生成可视化数据
cats = list("abcdef")
yy = np.random.randn(2000)
g = np.random.choice(cats, 2000)
for i, l in enumerate(cats):
    yy[g == l] += i // 2
df = pd.DataFrame(dict(score=yy, group=g))
# 求出各个分位数
groups = df.groupby('group')
q1 = groups.quantile(q=0.25)
q2 = groups.quantile(q=0.5)
q3 = groups.quantile(q=0.75)
iqr = q3 - q1
upper = q3 + 1.5*iqr
lower = q1 - 1.5*iqr
# 异常值处理
def outliers(group):
    cat = group.name
    return group[(group.score > upper.loc[cat]['score']) | (group.score < lower.
loc[cat]['score'])]['score']
```

```
out = groups.apply(outliers).dropna()
# 离群值特殊处理
if not out.empty:
    outx = list(out.index.get_level_values(0))
    outy = list(out.values)
p = figure(tools="", background_fill_color="#efefef", x_range=cats, toolbar_location=
None,plot_width=800, plot_height=400)
qmin = groups.quantile(q=0.00)
qmax = groups.quantile(q=1.00)
upper.score = [min([x,y]) for (x,y) in zip(list(qmax.loc[:,'score']),upper.score)]
lower.score = [max([x,y]) for (x,y) in zip(list(qmin.loc[:,'score']),lower.score)]
# 茎叶图
p.segment(cats, upper.score, cats, q3.score, line_color="black")
p.segment(cats, lower.score, cats, q1.score, line_color="black")
# 箱体
p.vbar(cats, 0.7, q2.score, q3.score, fill_color="#E08E79", line_color="black")
p.vbar(cats, 0.7, q1.score, q2.score, fill_color="#3B8686", line_color="black")
# 触须线（几乎 0 高度的矩形，比线段简单）
p.rect(cats, lower.score, 0.2, 0.01, line_color="black")
p.rect(cats, upper.score, 0.2, 0.01, line_color="black")
# 离群值绘图
if not out.empty:
    p.circle(outx, outy, size=6, color="#F38630", fill_alpha=0.6)
p.xgrid.grid_line_color = None
p.ygrid.grid_line_color = "white"
p.grid.grid_line_width = 2
p.xaxis.major_label_text_font_size="16px"
show(p)
```

绘制的箱形图如图 6-14 所示。

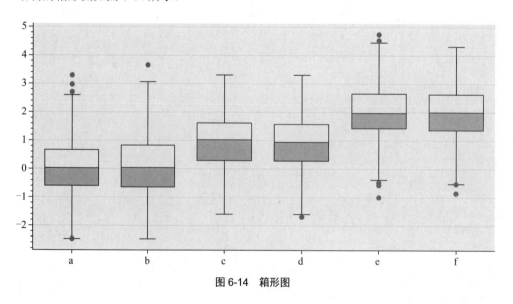

图 6-14　箱形图

5. K 线图

使用 Pandas 获取 K 线图的模拟数据，在 Bokeh 中使用 figure 类创建自定义图像后调用 vbar() 方法绘制 K 线图，代码如下：

代码 6-15：

```
from math import pi
import pandas as pd
from bokeh.plotting import figure, show
from bokeh.sampledata.stocks import MSFT
# 生成处理数据
df = pd.DataFrame(MSFT)[:50]
df["date"] = pd.to_datetime(df["date"])
inc = df.close > df.open
dec = df.open > df.close
w = 12*60*60*1000 # half day in ms
TOOLS = "pan,wheel_zoom,box_zoom,reset,save"
# 初始化图形选项
p = figure(x_axis_type="datetime", tools=TOOLS, width=1000, title = "MSFT Candlestick")
p.xaxis.major_label_orientation = pi/4
p.grid.grid_line_alpha=0.3
p.segment(df.date, df.high, df.date, df.low, color="black")
# 绘制 K 线图
p.vbar(df.date[inc], w, df.open[inc], df.close[inc], fill_color="#D5E1DD", line_color=
"black")
p.vbar(df.date[dec], w, df.open[dec], df.close[dec], fill_color="#F2583E", line_color=
"black")
show(p) # 显示图形
```

绘制的 K 线图如图 6-15 所示。

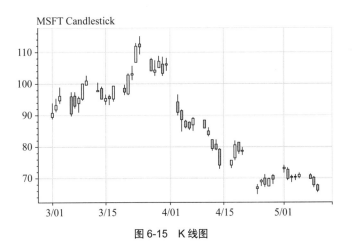

图 6-15　K 线图

6.3　Pairplot 可视化

本节主要介绍 Pairplot 可视化及其应用。

6.3.1　Pairplot 简介

Pairplot 是 PairGrid 的一个包装函数，它为 Seaborn 提供了一个重要的抽象功能——Grid。Seaborn 的 Grid 将 Matplotlib 中的 Figure 和数据集中的变量联系起来了。

顾名思义，Pairplot 主要体现的是两两关系的图形。

常用参数介绍如下：

- data：必不可少的数据。
- hue：用一个特征来显示图像上的颜色，类似于打标签。
- marker：每个 label 的显示图像变动，有的是三角，有的是原点。
- vars：只留几个特征两两比较。

Pairplot 是绘图库 seaborn 的一个函数，调用时采用 seaborn.pairplot() 方式并把需要可视化的数据代入该函数即可。

6.3.2　Pairplot 应用案例

使用 Pandas 处理鸢尾花数据后，调用 pairplot() 方法绘制鸢尾花数据集全量分析图，代码如下：

代码 6-16：

```
# 两种导入方式，一种是直接从 sklearn.datasets 导入，另一种是由 seaborn 导入。这里直接从
sklearn.datasets 导入
import pandas as pd
from sklearn import datasets
import seaborn as sns
import matplotlib.pyplot as plt
%matplotlib inline
# 设置画图风格
sns.set_style('white',{'font.sans-serif':['simhei','Arial']})  # 解决不能显示中文的问题
# 加载鸢尾花数据集
iris=datasets.load_iris()
iris_data= pd.DataFrame(iris.data,columns=iris.feature_names)
iris_data['species']=iris.target_names[iris.target]
iris_data.head(3).append(iris_data.tail(3))   # 前面三条 + 后面三条
# 重命名数据名称
iris_data.rename(columns={"sepal length (cm)":" 萼片长 ",
                "sepal width (cm)":" 萼片宽 ",
                "petal length (cm)":" 花瓣长 ",
                "petal width (cm)":" 花瓣宽 ",
                "species":" 种类 "},inplace=True)
kind_dict = {
    "setosa":" 山鸢尾 ",
    "versicolor":" 杂色鸢尾 ",
    "virginica":" 维吉尼亚鸢尾 "
}
iris_data[" 种类 "] = iris_data[" 种类 "].map(kind_dict)
# 把全部变量都放进去
sns.pairplot(iris_data)
```

绘制的全量分析图如图 6-16 所示。

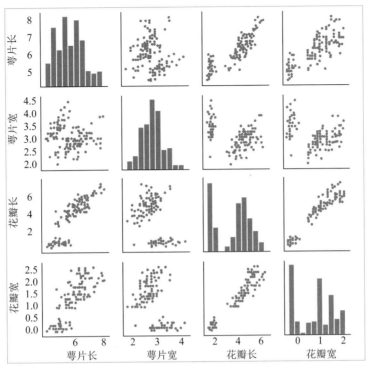

图 6-16　全量分析图

```
# hue：针对某一字段进行分类
sns.pairplot(iris_data,hue=' 种类 ')
```

绘制的单一字段分析图如图 6-17 所示。

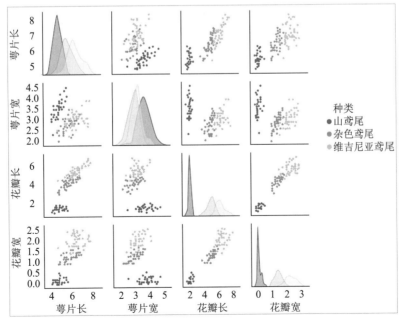

图 6-17　单一字段分析图

```
# kind: 用于控制非对角线上的图的类型，可选 'scatter' 与 'reg'
# diag_kind: 用于控制对角线上的图的类型，可选 'hist' 与 'kde'
sns.pairplot(iris_data,kind='reg',diag_kind='ked')
sns.pairplot(iris_data,kind='reg',diag_kind='hist')
```

绘制的分类型图如图 6-18 所示。

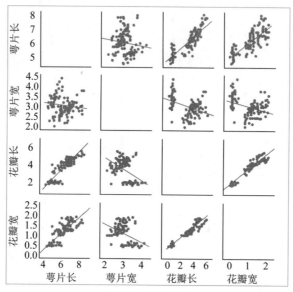

图 6-18　分类型图

6.4　Pyecharts 可视化

本节主要介绍 Pyecharts 可视化及其应用。

6.4.1　Pyecharts 简介

Pyecharts 是一个用于生成 ECharts 图表的类库。Pyecharts 与 Python 进行对接，方便在 Python 中直接使用数据生成图。使用 Pyecharts 可以生成独立的网页，也可以在 Flask、Django 中集成使用。

Pyecharts 的特性如下：

- 简洁的 API 设计，支持链式调用。
- 囊括了 30 多种常见图表，应有尽有。
- 支持主流 Notebook 环境，Jupyter Notebook 和 JupyterLab。
- 可轻松集成至 Flask、Django 等主流 Web 框架。
- 高度灵活的配置项，可轻松搭配出精美的图表。
- 详细的文档和示例，帮助开发者更快地上手项目。
- 多达 400 多种地图文件及原生的百度地图，为地理数据可视化提供强有力的支持。

Pyecharts 有两部分配置项，下面逐一说明。

（1）第一部分是全局配置项，如图 6-19 所示。全局配置项可通过 set_global_opts 方法设置。

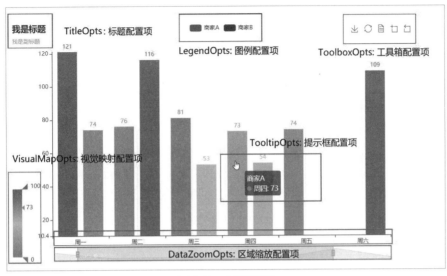

图 6-19　全局配置项

从图 6-19 中可以看出，全局配置项包含以下几个配置项：

- TitleOpts：标题配置项。
- LegendOpts：图例配置项。
- ToolboxOpts：工具箱配置项。
- VisualMapOpts：视觉映射配置项。
- TooltipOpts：提示框配置项。

（2）第二部分是系列配置项，系列配置项可通过 set_series_opts 方法进行设置。系列配置项包含以下几个配置项：

- ItemStyleOpts：图元样式配置项。
- TextStyleOpts：文字样式配置项。
- LabelOpts：标签配置项。
- LineStyleOpts：线样式配置项。
- Lines3DEffectOpts：3D 线样式配置项。
- SplitLineOpts：分割线配置项。
- MarkPointItem：标记点数据项。
- MarkPointOpts：标记点配置项。
- MarkLineItem：标记线数据项。
- MarkLineOpts：标记线配置项。
- MarkAreaItem：标记区域数据项。
- MarkAreaOpts：标记区域配置项。
- EffectOpts：涟漪特效配置项。
- AreaStyleOpts：区域填充样式配置项。
- SplitAreaOpts：分隔区域配置项。

- MinorTickOpts：次级刻度配置项。
- MinorSplitLineOpts：次级分割线配置项。

Pyecharts 是 Python 的第三方绘图库，在 Python 代码开始处导入该绘图库即可使用，例如：

```
from pyecharts import options as opts
from pyecharts.charts import Calendar
from pyecharts.globals import ThemeType
```

6.4.2 Pyecharts 应用案例

1. 日历图

想要展现 2023 年每个月的微信步数的平均分布情况，可使用 Pyecharts 中的 Calendar 类初始化相应参数，并调用 render() 方法渲染出 HTML 页面来绘制日历图，完整代码如下：

代码 6-17：

```
import datetime
import random
from pyecharts import options as opts
from pyecharts.charts import Calendar
from pyecharts.globals import ThemeType
def calendar_base() -> Calendar:
  begin = datetime.date(2023, 1, 1)                    # 开始日期
  end = datetime.date(2023, 12, 31)                    # 结束日期
  data = [ [str(begin + datetime.timedelta(days=i)), random.randint(1000, 25000) ]
    for i in range((end - begin).days + 1)    ]
  c = (
    Calendar(init_opts=opts.InitOpts(width="800px", height="600px", theme=
ThemeType.ROMANTIC))
      .add("", data, calendar_opts=opts.CalendarOpts(pos_bottom="10%",
                                                pos_top="10%",
                                                pos_left="10%",
                                                pos_right="30",
                                                range_="2023",
                                                yearlabel_opts=opts.
CalendarYearLabelOpts(is_show=True),
                                                ) )
      .set_global_opts(                                # 全局设置项
      title_opts=opts.TitleOpts(title="2023 年微信步数情况日历图 "),
      visualmap_opts=opts.VisualMapOpts(              # 视觉映射设置项
        max_=100000,
        min_=500,
        orient="horizontal",                          # 水平方向
        is_piecewise=True,
        pos_top="230px",
        pos_left="100px" ),
      toolbox_opts=opts.ToolboxOpts(is_show=True,
                              orient='horizontal'),
    ) )
  return c
# 生成 HTML 渲染文件
```

```
calendar_base().render('日历图.html')
```

绘制的日历图如图 6-20 所示。

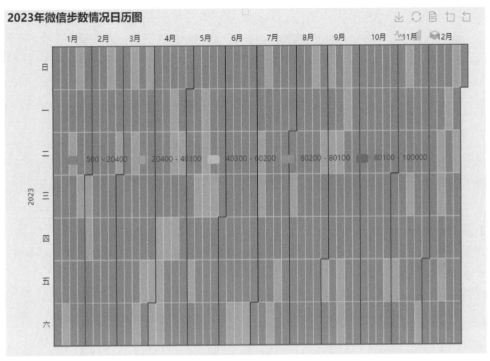

图 6-20　日历图

2. 漏斗图

要展示三星、华为、魅族、vivo、小米、OPPO、苹果等手机的受欢迎程度，可使用 Pyecharts 中的 Funnel 类初始化相应参数，并调用 render() 方法渲染出 HTML 页面绘制漏斗图，完整代码如下：

代码 6-18：

```
from pyecharts.faker import Faker
from pyecharts import options as opts
from pyecharts.charts import Funnel
def funnel_base() -> Funnel:
  c = (
    Funnel()
      .add("商品", [list(z) for z in zip(Faker.choose(), Faker.values())])
# 全局设置项
      .set_global_opts(title_opts=opts.TitleOpts(title="漏斗图"),
        datazoom_opts=opts.DataZoomOpts(is_show=False)
      )
  )
  return c
# 生成 HTML 渲染文件
funnel_base().render(漏斗图.html')
```

绘制的漏斗图如图 6-21 所示。

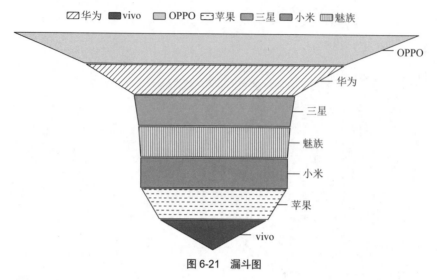

图 6-21　漏斗图

3. 仪表盘图

想要使用仪表盘图展示一件事情的完成度，可使用 Pyecharts 中的 Gauge 类初始化相应参数，并调用 render() 方法渲染出 HTML 页面来绘制仪表盘，完整代码如下：

代码 6-19：

```
from pyecharts import options as opts
from pyecharts.charts import Gauge
c = (
    Gauge()
    .add("", [(" 完成率 ", 66.6)])
    .set_global_opts(title_opts=opts.TitleOpts(title=" 仪表盘 "))
    .render(" 仪表盘 .html"))
```

绘制的仪表盘图如图 6-22 所示。

图 6-22　仪表盘图

4. 关系图

想要展示节点 1 ～ 7 的关系，可使用 Pyecharts 中的 Graph 类初始化相应参数，并调用 render() 方法渲染出 HTML 页面来绘制关系图，完整代码如下：

代码 6-20：

```
from pyecharts import options as opts
from pyecharts.charts import Graph
def graph_base() -> Graph:
# 设置节点名称
    nodes = [
        {"name": " 节点 1", "symbolSize": 10},
        {"name": " 节点 2", "symbolSize": 20},
        {"name": " 节点 3", "symbolSize": 30},
        {"name": " 节点 4", "symbolSize": 40},
        {"name": " 节点 5", "symbolSize": 50},
        {"name": " 节点 6", "symbolSize": 40},
        {"name": " 节点 7", "symbolSize": 30},
        {"name": " 结点 8", "symbolSize": 20},
    ]
    links = []
    for i in nodes:
        for j in nodes:
            links.append({"source": i.get("name"), "target": j.get("name")})
# 绘制关系图
    c = (
        Graph()
        .add("", nodes, links, repulsion=8000)
        .set_global_opts(title_opts=opts.TitleOpts(title=" 关系图 "))
    )
    return c
# 生成 HTML 渲染文件
graph_base().render(' 关系图 .html')
```

绘制的关系图如图 6-23 所示。

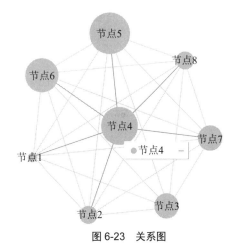

图 6-23　关系图

5. 水球图

想要展示两个任务的完成度，可使用 Pyecharts 中的 Liquid 类初始化相应参数，并调用 render() 方法渲染出 HTML 页面来绘制水球图，完整代码如下：

代码 6-21：

```
from pyecharts import options as opts
```

```
from pyecharts.charts import Grid, Liquid
from pyecharts.commons.utils import JsCode
l1 = (
    Liquid()
    .add("lq", [0.6, 0.7], center=["60%", "50%"])
    .set_global_opts(title_opts=opts.TitleOpts(title="多个 Liquid 显示")))
l2 = Liquid().add(
    "lq",
    [0.3254],
    center=["25%", "50%"],
    label_opts=opts.LabelOpts(
        font_size=50,
        formatter=JsCode(
            """function (param) {
                    return (Math.floor(param.value * 10000) / 100) + '%';
            }"""
        ),
        position="inside",
    ),)
grid = Grid().add(l1, grid_opts=opts.GridOpts()).add(l2, grid_opts=opts.GridOpts())
grid.render("水球图 .html")
```

绘制的水球图如图 6-24 所示。

图 6-24 水球图

6. 折线图

想要展示从 2020 年开始到未来 4 年国内生产总值的变化，可使用 Pyecharts 中的 Line 类初始化相应参数，并调用 render() 方法渲染出 HTML 页面来绘制折线图，完整代码如下：

代码 6-22：

```
from pyecharts.charts import Line                # 绘制折线图所需导入的包
from pyecharts import options as opts            # 全局设置所需导入的包
def line1():
    line = (
        Line()                                    # 实例化 Line
        .add_xaxis(["202" + str(i) + "年" for i in range(4)])  # 加入 X 轴数据
        .add_yaxis("国内生产总值（亿元）", [90030.5, 82075.3, 74006.8, 94006, 10006,
88006])                                          # 加入 y 轴数据
        .set_global_opts(title_opts=opts.TitleOpts(title="折线图"),
                    legend_opts=opts.LegendOpts(is_show=True,),
                    )    )
    return line
```

```
# 把图片渲染为 HTML 网页文件
line1().render(' 折线图 .html')
```

绘制的折线图如图 6-25 所示。

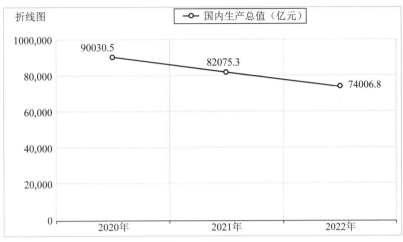

图 6-25 　折线图

7. 饼图

想要展示国内农林牧渔业增加值，工业增加值，建筑业增加值，批发零售业增加值，交通运输、仓储和邮政业增加值，住宿和餐饮业增加值，金融业增加值及房地产业增加值的占比情况，可使用 Pyecharts 中的 Pie 类初始化相应参数，并调用 render() 方法渲染出 HTML 页面来绘制饼图，完整代码如下：

代码 6-23：

```
from pyecharts.charts import Pie                    # 绘制饼图所需导入的包
from pyecharts import options as opts               # 全局设置所需导入的包
import time
from pyecharts.globals import ThemeType
now = time.strftime('%Y-%m-%d %H:%M:%S', time.localtime(time.time()))
def Pie1():
    pie = (
        Pie(init_opts=opts.InitOpts(theme=ThemeType.ROMANTIC))
        .add("", [[' 农林牧渔业增加值（亿元）', '67538'],
              [' 工业增加值（亿元）', '305160.2'],
              [' 建筑业增加值（亿元）', '61808'],
              [' 批发和零售业增加值（亿元）', '84200.8'],
              [' 交通运输、仓储和邮政业增加值（亿元）', '40550.2'],
              [' 住宿和餐饮业增加值（亿元）', '16023'],
              [' 金融业增加值（亿元）', '69100'],
              [' 房地产业增加值（亿元）', '59846']])      # 加入数据
        .set_global_opts(title_opts=opts.TitleOpts(title=" 饼图 "), legend_
opts=opts.LegendOpts(pos_left=160))                   # 全局设置项
        .set_series_opts(label_opts=opts.LabelOpts(formatter="{b}: {c}")))  # 样式设置项
    return pie
Pie1().render(' 饼图 .html')                          # 把图片保存为 HTML 网页文件
```

绘制的饼图如图 6-26 所示。

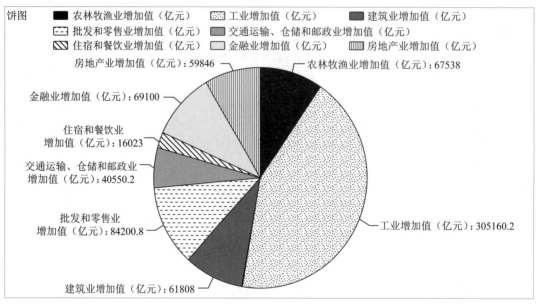

图 6-26　饼图

8. 柱形图

想要对比商家 A 和商家 B 不同产品的销售情况，可使用 Pyecharts 中的 Bar 类初始化相应参数，并调用 render() 方法渲染出 HTML 页面来绘制柱形图，完整代码如下：

代码 6-24：

```
from pyecharts.charts import Bar
from pyecharts import options as opts
from pyecharts.globals import ThemeType
bar = Bar(init_opts=opts.InitOpts(
    # 设置颜色主题
    theme=ThemeType.DARK,
    animation_opts=opts.AnimationOpts(
        animation=True,                 # 是否打开动画
        animation_duration=1000,        # 共计时长
        animation_delay=100,            # 延迟
        animation_easing=92000          # 缓冲
    )))
# 增加数据
bar.add_xaxis(["衬衫", "毛衣", "领带", "裤子", "风衣", "高跟鞋", "袜子"])
bar.add_yaxis("商家A", [114, 55, 27, 101, 125, 27, 105])
bar.add_yaxis("商家B", [57, 134, 137, 129, 145, 60, 49])
# 全局设置项
bar.set_global_opts(
    title_opts=opts.TitleOpts(title="某商场销售情况",
                    title_link='https://tmall.com',
                    title_target='self',
                    subtitle="点击进入商场主页",
                    subtitle_link='https://jd.com'),
    toolbox_opts=opts.ToolboxOpts(is_show=True,),
```

```
        xaxis_opts=opts.AxisOpts(name=" 销量 ", axislabel_opts={"rotate": 30}
                           ))
# 生成 HTML 网页文件
bar.render(" 柱形图 .html")
```

绘制的柱形图如图 6-27 所示。

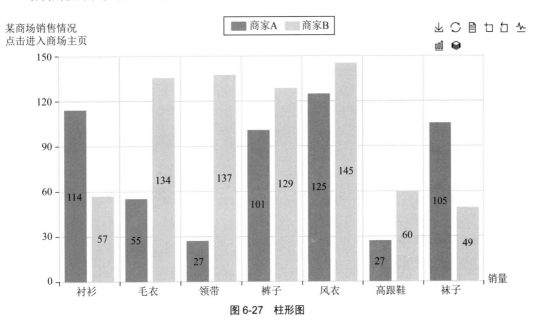

图 6-27　柱形图

9. 雷达图

想要展示一个公司的每个部门的预算分配，可使用 Pyecharts 中的 Radar 类初始化相应参数，并调用 render() 方法渲染出 HTML 页面来绘制雷达图，完整代码如下：

代码 6-25：

```
from pyecharts import options as opts
from pyecharts.charts import Radar
# 准备数据
v1 = [[4300, 10000, 28000, 35000, 50000, 19000]]
def radar_base() -> Radar:
    c = (
        Radar()
        .add_schema(
            schema=[
                opts.RadarIndicatorItem(name=" 销售 ", max_=6500 ,color="black"),
                opts.RadarIndicatorItem(name=" 管理 ", max_=16000 ,color="black"),
                opts.RadarIndicatorItem(name=" 信息技术 ", max_=30000 ,color="black"),
                opts.RadarIndicatorItem(name=" 客服 ", max_=38000 ,color="black"),
                opts.RadarIndicatorItem(name=" 研发 ", max_=52000 ,color="black"),
                opts.RadarIndicatorItem(name=" 市场 ", max_=25000 ,color="black"),
            ]
        ).add(" 预算分配 ", v1)
# 系列设置项
        .set_series_opts(label_opts=opts.LabelOpts(is_show=True))
```

```
# 全局设置项
        .set_global_opts(title_opts=opts.TitleOpts(title="雷达图"))
    )
    return c
# 生成 HTML 渲染文件
radar_base().render('雷达图.html')
```

绘制的雷达图如图 6-28 所示。

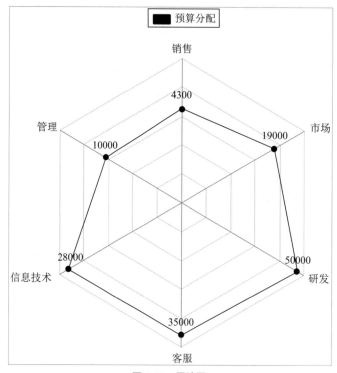

图 6-28　雷达图

10. 主题河流图

想要展示一个销售公司 2023 年 5 月 1 日至 5 月 4 日不同产品的销售流动情况，可使用 Pyecharts 中的 ThemeRiver 类初始化相应参数，并调用 render() 方法渲染出 HTML 页面来绘制主体河流图，代码如下：

代码 6-26：

```
from pyecharts.charts import ThemeRiver
import pyecharts.options as opts
# 封装数据
x_data=["产品 1","产品 2"]
y_data=[["2023/5/01",4,"产品 1"],["2023/5/02",12,"产品 1"],["2023/5/03",10,"产品 1"],
["2023/5/04",10,"产品 1"]
    ,["2023/5/01",6,"产品 2"],["2023/5/02",14,"产品 2"],["2023/5/03",8,"产品 2"],
["2023/5/04",10,"产品 2"]]
# 绘制，设置类型为时间
c=(ThemeRiver(init_opts=opts.InitOpts(width="900px"))
    .add(series_name=x_data,
```

```
        data=y_data,
        singleaxis_opts=opts.SingleAxisOpts(pos_top="50",pos_bottom="50",type_="time"
        ),
    ).set_global_opts(
        toolbox_opts=opts.TooltipOpts(trigger="axis",axis_pointer_type="line")
))
c.render(" 主题河流图 .html")
```

绘制的主题河流图如图 6-29 所示。

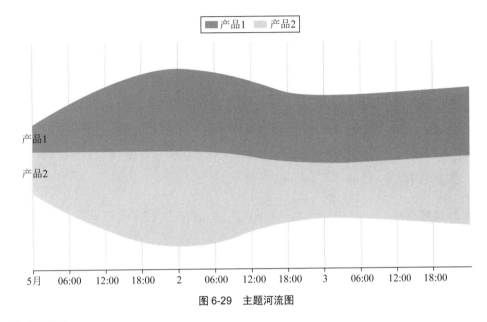

图 6-29　主题河流图

11. 词云图

想要展示一个城市建设关键词的占比情况，可使用 Pyecharts 中的 WordCloud 类初始化相应参数，并调用 render() 方法渲染出 HTML 页面来绘制词云图，完整代码如下：

代码 6-27：

```
from pyecharts import options as opts
from pyecharts.charts import WordCloud
words = [ (" 生活资源 ", "999"),
    (" 供热管理 ", "888"),
    (" 供气质量 ", "777"),
    (" 生活用水管理 ", "688"),
    (" 一次供水问题 ", "588"),
    (" 劳动争议 ", "11"),
    (" 社会福利及事务 ", "11"),
    (" 一次供水问题 ", "11")]
c = (WordCloud()
        .add(" 数据 ", words, word_size_range=None, shape='circle', rotate_step=45,)
        .set_global_opts(
            title_opts=opts.TitleOpts(title=" 城市建设关键词分析 ", pos_left="center",
subtitle=' 词云图 ')))
# 生成 HTML 渲染文件
c.render(' 词云图 .html')
```

绘制的词云图如图 6-30 所示。

图 6-30　词云图

6.5　本章习题

一、单选题

1. Matplotlib 是一个强大的工具，它是 Pandas 的 builtin-plotting 和 Seaborn 的基础。Matplotlib 能够绘制许多不同的图形，还能调用多个级别的许多（　　）。

　A. API　　　　　　　B. CPI　　　　　　　C. SPI　　　　　　　D. DPI

2. Pariplot 是 PairGrid 的一个包装函数，它提供了 Seaborn 一个重要的（　　）Grid。Seaborn 的 Grid 将 Matplotlib 中 Figure 和数据集中的变量联系起来了。

　A. 实现功能　　　　B. 硬性功能　　　　C. 抽象功能　　　　D. 具体功能

3. Pyecharts 是一个用于生成 ECharts（　　）的类库。ECharts 是百度开源的一个数据可视化 JS 库。用 ECharts 生成的图可视化效果非常棒，Pyecharts 是为了与 Python 进行对接，方便在 Python 中直接使用数据生成图。

　A. 表格　　　　　　B. 图表　　　　　　C. 图纸　　　　　　D. 图片

4. JPype 是一个能够让 Python 代码方便地（　　）Java 代码的工具，从而克服了 Python 在某些领域的不足。

　A. 读取　　　　　　B. 调用　　　　　　C. 读取　　　　　　D. 接收

5. API 就是应用程序（　　）接口。

　A. 编程　　　　　　B. 交换　　　　　　C. 链接　　　　　　D. 对通

6. 一个（　　）的组件，都是由如下 3 部分组成的：prop、event、slot。

　A. 简单　　　　　　B. 复杂　　　　　　C. 量多　　　　　　D. 量少

7. 统计函数是指统计（　　）函数，用于对数据区域进行统计分析。例如，统计工作表函数可以提供由一组给定值绘制出的直线的相关信息，如直线的斜率和 y 轴截距，或构成直线的实际点数值。

　A. 时间表　　　　　B. 工作表　　　　　C. 表格　　　　　　D. 画图

8. 在数学中，极线通常是一个适用于圆锥曲线的概念，如果圆锥曲线的切于 A、B 两点的切线相交于 P 点，那么 P 点称为直线 AB 关于该曲线的极点，直线 AB 称为 P 点的（　　）。

  A. 极线　　　　　　　B. 线段　　　　　　　C. 线标　　　　　　　D. 线表

二、问答题

1. 什么是 Matplotlib?

2. 什么是 Pyecharts?

3. 什么是 JPype? JPype 与 JPython 有何区别?

4. 简述条形图的概念。

5. 什么是柱形图?

6. 什么是饼图?

7. 什么是气泡图?

第7章
豆瓣电影数据可视化实战

本章将开发一个豆瓣电影数据可视化项目，综合使用 request、xlwt、re、BeautifulSoup、NumPy、Pandas、Matplotlib 等工具对爬取网页电影信息，并对数据进行可视化处理。

本章学习目标：

- 掌握网页分析和爬虫的技术。
- 使用 BeautifulSoup 爬虫的包的原理及其应用。
- 掌握 NumPy 和 Pandas 的使用技巧。
- 掌握 Matplotlib 可视化的应用。

7.1 项目概述

7.1.1 项目目标

（1）掌握 Python 的基本编程方法。

（2）能够使用 Matplotlib 编程，并解决中文编码显示问题。

（3）熟练掌握 Pandas 和 BeautifulSoup 爬虫工具。

（4）熟练掌握可视化的技术应用。

（5）能够使用 Matplotlib 进行图像可视化。

（6）爬取豆瓣网的 top250 的电影信息并保存在本地。

（7）对爬取的数据信息进行筛选，并进行可视化处理。

7.1.2 项目总体任务及技术要点

1. 项目总体任务

用 Chrome 打开豆瓣电影 Top250 页面（网址为 https://movie.douban.com/top250）。页面上的第一部电影为《肖申克的救赎》，电影名称、导演、主演、年份、评分、评价人数、短评这些信息是需要的。用浏览器或者 Python 爬取代码向浏览器发送请求的时候，返回的是 HTML 代码，平时用浏览器浏览网页看到的这些图文并茂的规整的页面，其实是 HTML 代码在经过浏览器渲染后的结果。所以，需要确定想要抓取的信息在 HTML 代码中的位置，这称为 HTML 解析。HTML 解析的工具有很多，如正则表达式、Beautifulsoup、Xpath、CSS 等。本章将使用 BeautifulSoup、request、xlwt、re、datetime 库进行引用，获取前面提到的电影信息页面，并对该页面进行分析，将电影的相关信息录入、保存到 Excel 表格，最后使用

Matplotlib 的图像可视化把信息呈现出来。

本项目的最终目标是从豆瓣网爬取 top250 的电影排名、电影名、导演、主演、年份等信息，并进行可视化操作。

2. 项目技术要点

（1）基本的 Python 编程技能。

（2）PyCharm 的基本使用。

（3）Linux 系统的基本操作，包括 CentOS 及 Ubuntu 的操作。

（4）Matplotlib 的基础知识和用法。

（5）Matplotlib 在 Linux 上实现图形可视化编程。

3. 项目前期准备

（1）硬件环境：单核 CPU，以及至少 2GB 内存、30GB 硬盘。

（2）网络要求：需要外网，可以安装 Python 所需要的包。

（3）软件环境：使用 Python 3.6 版本。

7.2　任务一：进行网页分析

7.2.1　打开目标网页

首先确定想要爬取的目标网页，并获取 URL 地址。打开百度，在搜索框中搜索"豆瓣电影 top250"，搜索结果如图 7-1 所示。

图 7-1　搜索结果图

打开网页，按 F12 键进入开发者模式，查看 URL 地址。搜索结果代码如图 7-2 所示。

图 7-2　搜索结果代码

可直接复制浏览器地址栏中的地址，从图 7-2 中获得的地址如下：

```
https://movie.douban.com/top250
```

7.2.2　测试网页响应

在进行爬取信息工作时，需要测试一下 http 头的响应值，查看所使用的网站页面是否能够正常访问。

打开本地终端，运行 Python 3 解释器，如图 7-3 所示。

图 7-3　使用 Python 3

返回的结果如图 7-4 所示。

图 7-4　返回的结果

代码如下：

代码 7-1：

```
import requests                    # 导入 requests 库
```

```
url = "https://movie.douban.com/top250"    # 本次目标网页地址
data = requests.get(url)                    # 请求获取目标
data.status_code                            # 返回状态代码
```

可以看到返回的值为 418，表示响应成功，该类型状态码表示动作被成功接收，也就表示可以正常抓取这个地址上的页面信息。

7.2.3　分析网页信息

需要分析该网页的内容信息，从而在代码中实现相对应的信息获取功能。首先打开之前获取的地址，页面如图 7-5 所示。

图 7-5　查看源代码

按 F12 键查看网站的源代码。在源代码中可以观察到电影的名字及其他一些信息，这就是所要分析的内容，如图 7-6 所示。

图 7-6　要分析的内容

为方便分析页面代码，把页面代码窗体进行放大，如图 7-7 所示。

图 7-7　整个页面代码

观察图 7-7 所示的信息，可以发现如下信息：

（1）所有电影信息在一个 li 标签之内，该标签的 class 属性值为 grid_view。每个电影信息放在一个 li 标签中，每个电影的网址放在 a 标签的 href 中，每个电影的排名放在一个 em 标签中。每部电影的电影名称按如下顺序确定：先找第一个 class 属性值为 hd 的 div 标签，再找其下第一个 class 属性值为 title 的 span 标签，电影名称就放在这个 span 标签中。

（2）每个电影的导演、主演、年份等信息放在 p 标签中；每部电影的评分放在对应 li 标签中的唯一一个 class 属性值为 rating_num 的 span 标签中；每部电影的评价人数放在对应 li 标签中的一个 class 属性值为 star 的 div 标签中的最后一个数字；每部电影的短评放在对应 li 标签中的一个 class 属性值为 inq 的 span 标签中。

7.3　任务二：进行数据爬取

7.3.1　使用软件爬取目标数据

打开 PyCharm 软件，新建一个名为 dm 的 .py 文件，如图 7-8 所示。

图 7-8　PyCharm 代码

添加本项目所要使用到的模块及库。

代码 7-2：

```
# 导入相对应的包
from bs4 import BeautifulSoup
from urllib import request
import xlwt
import random,time
import re
import datetime
```

根据对应信息，利用 re、request 库写代码，首先确认要获取的数据内容。

代码 7-3：

```
# 获取数据
data_list_title =
['排名', '电影名', '导演', '主演', '年份', '评分', '评价人数', '短评', '网址', '简介']
```

把获取的网页数据存放至 Excel 表格中，这里使用 Excel 是因为方便后期对数据进行可视化操作。完整代码如下：

代码 7-4：

```
# 存入 Excel 表格
book = xlwt.Workbook()
sheet1 = book.add_sheet('sheet1', cell_overwrite_ok=True)
```

设置好存放位置后，开始对网页信息的内容进行编写，需要获取电影的排名、名字、年份等一系列的信息，完整代码如下：

代码 7-5：

```
def web(url, t):
    # 内容处理
    soup = BeautifulSoup(html, "html.parser")
    # 找到第一个 class 属性值为 grid_view 的 ol 标签
    movieList = soup.find('ol', attrs={'class': 'grid_view'})
    moveInfo = []
    data_list_content = []
    # 找到所有 li 标签
    for movieLi in movieList.find_all('li'):
        # 得到排名
        rank = movieLi.find('em').get_text()
            data_list_content.append(rank)
            # 找到第一个 class 属性值为 hd 的 div 标签
            movieHd = movieLi.find('div', attrs={'class': 'hd'})
            # 找到第一个 class 属性值为 title 的 span 标签
            movieName = movieHd.find('span', attrs={'class': 'title'}).getText()
            # 也可使用 .string 方法
            data_list_content.append(movieName)
            # 获取导演
            info = movieLi.find('p').get_text()
            director = re.findall(' 导演 :\s(.*?)\s', info)[0]
```

```
        data_list_content.append(director)
        # 获取主演
        starring = re.findall(' 主演 :\s(.*?)\s', info)
        if len(starring) == 0:
            starring = ' 佚名 '
        else:
            starring = starring[0]
        data_list_content.append(starring)
        # 获取年份
        year = re.search(r'\d{4}', info).group()
        data_list_content.append(year)
        # 得到电影的评分
        movieScore = movieLi.find('span', attrs={'class': 'rating_num'}).getText()
        data_list_content.append(movieScore)
        # 得到电影的评价人数
        movieEval = movieLi.find('div', attrs={'class': 'star'})
        movieEvalNum = re.findall(r'\d+', str(movieEval))[-1]
        data_list_content.append(movieEvalNum)
        # 得到电影的短评
        movieQuote = movieLi.find('span', attrs={'class': 'inq'})
        if (movieQuote):
            data_list_content.append(movieQuote.getText())
        else:
            data_list_content.append(" 无 ")
        web1 = movieLi.find('div', attrs={'class': 'hd'})
        # 找到第一个 class 属性值为 hd 的 div 标签
        web2 = web1.find_all('a')   # 查找所有 a 标签
        for k in web2:
            url = k['href']
            print(url)
            data_list_content.append(url)
            response = request.urlopen(url)
            html1 = response.read()
            html1 = html1.decode("utf-8")
            soup1 = BeautifulSoup(html1, "html.parser")
            movieList = soup1.find('div', attrs={'class': 'related-info'})
                        # 找到第一个 class 属性值为 related-info 的 div 标签
            movieHd=movieList.find('div', attrs={'class': 'indent'}).getText()
            # 找到第一个 class 属性值为 indent 的 div 标签
            data_list_content.append(movieHd)
    new_list = [data_list_content[i:i + 10] for i in range(0, len(data_list_content), 10)]
```

7.3.2　设置存放格式

在先前的步骤中已经实现了将挖掘的数据保存成 Excel 表格，那么还需要通过代码设置数据的存放格式。

设置标题存入的格式，代码如下：

代码 7-6：

```
# 标题存入
heads = data_list_title[:]
```

```
ii = 0
for head in heads:
    sheet1.write(0, ii, head)
    ii += 1
   #print(head)
```

排序方式，代码如下。

代码 7-7：

```
#内容录入
i = t
for list in new_list:
    j = 0
    for data in list:
        sheet1.write(i, j, data)
        j += 1
    i += 1
```

保存文件，并命名为"豆瓣电影TOP250.xls"，代码如下：

代码 7-8：

```
# 保存文件
book.save('豆瓣电影TOP250.xls')
print("写入完成！")
print(datetime.datetime.now())
return (i)
```

因为挖掘的数据内容过多，所以，可引用自动换行更换代码来汇聚数据，代码如下：

代码 7-9：

```
url = "https://movie.douban.com/top250"
''''' 此行可以自行更换代码用来汇集数据 '''
response = request.urlopen(url)
html = response.read()
html = html.decode("utf-8")
bs = BeautifulSoup(html, 'lxml')
t = 1
t = web(url, t)
```

7.3.3　开始爬取数据

程序如图 7-9 所示，启动程序，开始爬取数据，爬取过程结束后提示"写入完成"，表示数据爬取成功。

为了避免数据量过多而导致在处理数据时产生的混乱，可在代码的最后添加一个时间模块，输出当前的系统时间，代码如下：

代码 7-10：

```
import datetime
print(datetime.datetime.now())
```

打开创建爬虫的项目位置，这时会发现文件中多了一个 Excel 结果数据，如图 7-10 所示。

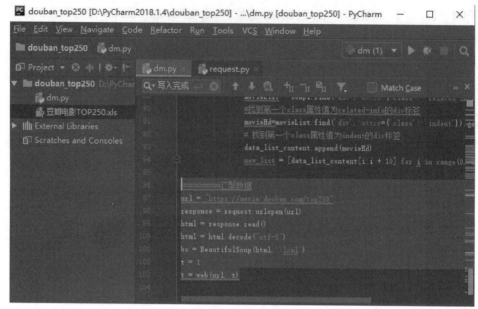

图 7-9　爬取数据

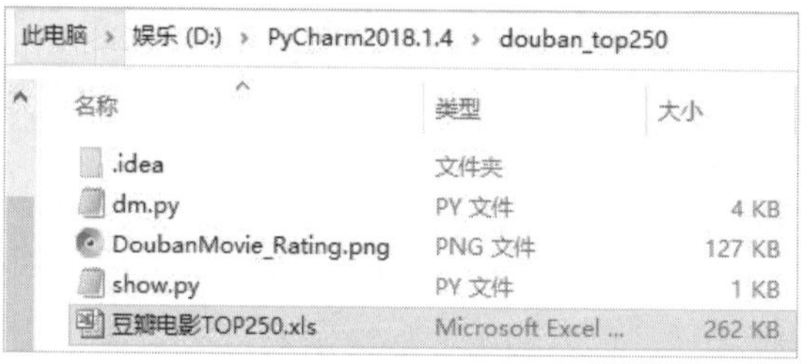

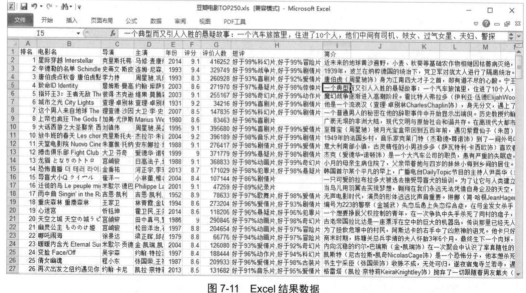

图 7-10　Excel 文件

打开该 Excel 表格，结果如图 7-11 所示。

图 7-11　Excel 结果数据

从图 7-11 中可以看到之前所设置的条件参数都一并存放在 Excel 中，如排名、电影名、导演等字段。表中的排名从 top1 至 top250 排列，如图 7-12 所示。

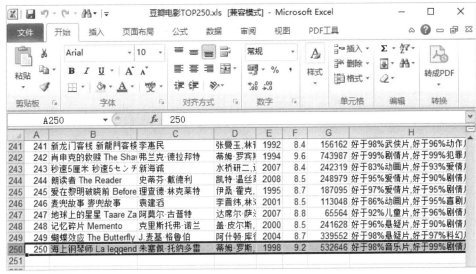

图 7-12　排名表

7.4　任务三：进行数据处理

7.4.1　创建数据库和表

打开 Navicat 软件，新建一个查询，代码如下：

代码 7-11：

```
# 创建数据库
CREATE DATABASE show_db;
# 创建表
CREATE TABLE `T_TOP250` (
 `rank_id` int(11) NOT NULL DEFAULT '0' COMMENT '排名',
 `movie_name` varchar(100) CHARACTER SET utf16 DEFAULT NULL COMMENT '电影名',
 `director` varchar(100) CHARACTER SET utf16 DEFAULT NULL COMMENT '导演',
 `actor` varchar(1000) CHARACTER SET utf16 DEFAULT NULL COMMENT '主演',
 `year` int(4) DEFAULT NULL COMMENT '年份',
 `score` decimal(4,2) DEFAULT NULL COMMENT '评分',
 `score_num` int(100) DEFAULT NULL COMMENT '评价人数',
 `short_com` varchar(1000) CHARACTER SET utf16 DEFAULT NULL COMMENT '短评',
 `intro` varchar(1000) CHARACTER SET utf16 DEFAULT NULL COMMENT '简介',
 PRIMARY KEY (`rank_id`)
) ENGINE=InnoDB DEFAULT CHARSET=latin1;
```

数据库运行结果如图 7-13 所示。

图 7-13　数据库运行结果

7.4.2　插入数据到表中

把 Excel 对应的 Sheet1 页的数据插入到 MySQL 数据库对应的表中，完整代码如下：

代码 7-12：

```
import xlrd
import pymysql
# 打开数据所在的工作簿，选择存有数据的工作表
book = xlrd.open_workbook("豆瓣电影 TOP250.xls")
sheet = book.sheet_by_name("sheet1")
# 建立一个 MySQL 连接
conn = pymysql.connect(
        host='192.168.31.120',
        user='root',
        passwd='123456',
        db='show_db',
        port=3306,
        charset='utf8'
        )
# 获得游标
cur = conn.cursor()
# 创建插入 SQL 语句
delete_query = 'delete from T_TOP250 '
cur.execute(delete_query)
query = 'insert into T_TOP250
(rank_id,movie_name,director,actor,year,score,score_num,short_com,intro) values
(%s, %s, %s, %s, %s, %s, %s, %s, %s)'
# 创建一个 for 循环，迭代读取 xls 文件中的每行数据，之所以从第二行开始，目的是跳过标题行
for r in range(1, sheet.nrows):
    rank_id = sheet.cell(r,0).value
```

```
      movie_name = sheet.cell(r,1).value
      director = sheet.cell(r,2).value
      actor = sheet.cell(r,3).value
      year = sheet.cell(r,4).value
      score = sheet.cell(r,5).value
      score_num = sheet.cell(r,6).value
      short_com = sheet.cell(r,7).value
      intro = sheet.cell(r,8).value
      values = (rank_id, movie_name, director, actor, year, score, score_num, short_com,intro)
      # 执行 SQL 语句
      cur.execute(query, values)
cur.close()
conn.commit()
conn.close()
columns = str(sheet.ncols)
rows = str(sheet.nrows)
print ("导入 " +columns + " 列 " + rows + " 行数据到 MySQL 数据库!")
```

插入数据库执行结果如图 7-14 所示。

图 7-14   插入数据库执行结果

7.4.3   创建展示的视图

把 Excel 对应的 sheet1 的数据插入到 MySQL 数据库对应的表中，代码如下：

代码 7-13：

```
# 创建年份汇总电影数的统计视图
CREATE OR REPLACE VIEW v_year_total as
select YEAR,COUNT(*) NUM
from T_TOP250
GROUP BY YEAR
ORDER BY YEAR DESC ;
# 创建电影导演评分人数的统计视图
```

```
CREATE OR REPLACE VIEW v_director_sum as
select director,sum(score_num) total_sum
from T_TOP250 t
GROUP BY director
ORDER BY total_sum DESC
```

创建视图执行结果如图 7-15 所示。

图 7-15　创建视图执行结果

Python 操作 Excel 时，经常会遇到一个问题，即提示 Python 包不存在，报错信息如图 7-16 所示。

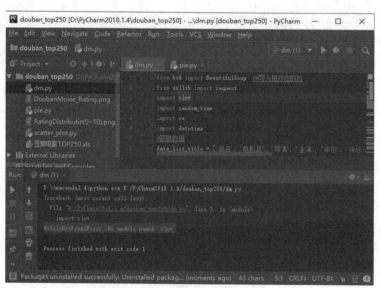

图 7-16　没有安装 xlwt 的报错

问题分析：Python 操作 Excel 主要用到 xlrd 和 xlwt 两个库，xlrd 是读 Excel 的库，xlwt 是写 Excel 的库，这里提示的错误是没有安装 xlwt。

解决方法是安装 xlwt 模块。

方法 1：到 Python 官网（http://pypi.python.org/pypi/xlrd）下载模块安装，前提是已经安装了 Python 环境。

方法 2：在终端运行命令"pip install xlwt"。

7.5　任务四：数据可视化

7.5.1　绘制散点图

绘制电影排名、评价人数、电影评分的散点图，代码如下：

代码 7-14：

```
import pandas as pd                                    # 导入 pandas 当作 pd
import numpy as np                                     # 导入 numpy 当作 np
import matplotlib.pylab as plt
plt.rcParams["font.sans-serif"]=["SimHei"]             # 设置字体
plt.rcParams["axes.unicode_minus"]=False               # 正常显示负号
# 将目标 xls 格式的文件，转换成 pandas 使用的文件格式，从 Excel 文件导入数据
df=pd.read_excel('豆瓣电影 TOP250.xls',encoding='UTF-8')
# 评价人数
rank=np.array(df.index,dtype=int)+1                     #index 从 0 开始
df['排名']=rank
f3=plt.figure(3,figsize=(12,10))                        # 图片大小
plt.scatter(x=df['排名'],y=df['评价人数'],c=df['评分'],s=80)
plt.title('Douban 电影 \n 按等级对人们进行排名和评级',fontsize=20)    # 图片标题名
plt.xlabel('等级',fontsize=15)                          #x 轴坐标名，字体大小
plt.ylabel('评定数量',fontsize=15)                       #y 轴坐标名，字体大小
plt.axis([-5,255,0,750000])                             #x 轴坐标范围
plt.colorbar()                                          # 添加 colorbar（颜色条或渐变色条）
plt.savefig('Douban 电影排名 .png')# 保存图片名
plt.show()                                              # 显示绘制出的图
```

绘制的散点图如图 7-17 所示。

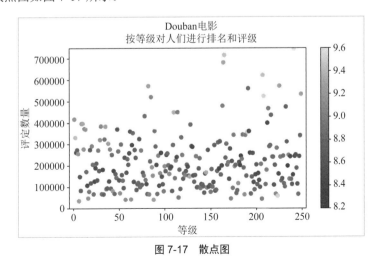

图 7-17　散点图

7.5.2　绘制饼图

针对电影 top250 的所有评分进行饼图呈现，完整代码如下：

代码 7-15：

```
import pandas as pd                              # 导入 pandas 当作 pd
import numpy as np                               # 导入 numpy 当作 np
import matplotlib.pylab as plt
plt.rcParams["font.sans-serif"]=["SimHei"]       # 设置字体
plt.rcParams["axes.unicode_minus"]=False         # 正常显示负号
# 将目标 xls 格式的文件转换成 pandas 使用的文件格式，从 Excel 文件导入数据
df=pd.read_excel(' 豆瓣电影 TOP250.xls',encoding='UTF-8')
Rating=df[' 评分 ']
bins=[8,8.5,9,9.5,10]                            # 分区
# 需要将数据值分段并排序到 bins 中时使用 cut 方法
rat_cut=pd.cut(Rating,bins=bins)
rat_class=rat_cut.value_counts()                 # 统计区间个数
rat_pct=rat_class/rat_class.sum()*100            # 计算百分比
rat_arr_pct=np.array(rat_pct)# 将 series 格式转成 array，为了避免 pie 中出现 name
f1=plt.figure(figsize=(6,6))                     # 图片大小
plt.title('评分分布 (0 ～ 10)',fontsize=30)       # 图片标题名
# autopct 属性显示百分比的值
plt.pie(rat_arr_pct,labels=rat_pct.index,colors=['r','g','b','c'],autopct='%.2f%%',
startangle=75,explode=[0.05]*4)
plt.savefig(' 饼图 .png')                         # 保存图片名
f1.show()                                        # 显示绘制出的图
```

绘制的饼图如图 7-18 所示。

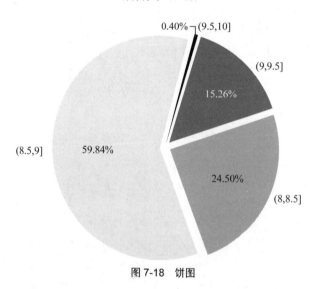

图 7-18　饼图

7.5.3　绘制柱形图

针对电影 top250 的所有年份的评分进行柱形图呈现，代码如下：

代码 7-16：

```
import pymysql
from matplotlib import pyplot as plt
import numpy as np
# 连接数据库
db = pymysql.connect(host='192.168.31.120', user='root',passwd='123456', port=3306,
db='show_db')
cur = db.cursor()
sql = "select * from v_year_total"
cur.execute(sql)
result = cur.fetchall()
# 定义空数据数组，将数据库数据附上去
year = []
total_num = []
for data in result:
    year.append(data[0])
    total_num.append(data[1])
# 关闭游标与数据库
cur.close()
db.close()
# 显示中文标签
plt.rcParams['font.sans-serif'] = ['SimHei']
plt.rcParams['axes.unicode_minus'] = False
width = 0.2
index = np.arange(len(year))
r1 = plt.bar(year, total_num, width, color='r', label=' 电影总数 ')
# 显示图表
plt.legend()
plt.title(" 各个年份的电影总数表 ")
plt.show()
```

绘制的柱形图如图 7-19 所示。

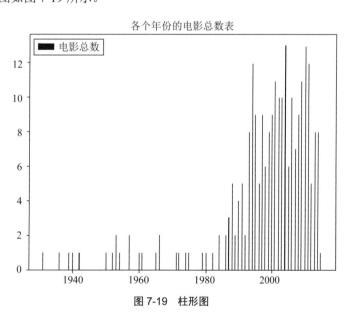

图 7-19　柱形图

7.5.4 绘制折线图

针对电影评论人数 top7 导演评分数据进行折线图呈现，代码如下：

代码 7-17：

```
import pyecharts.options as opts
from pyecharts.charts import Line
import pymysql
# 连接数据库
db = pymysql.connect(host='192.168.31.120', user='root', passwd='123456',
port=3306, db='show_db')
cur = db.cursor()
sql = "select * from v_director_sum"
cur.execute(sql)
result = cur.fetchall()
# 定义空数据数组，将数据库数据附上去
director = []
total_sum = []
for data in result:
    director.append(data[0])
    total_sum.append(data[1])
# 关闭游标与数据库
cur.close()
db.close()
line = (Line()
        .set_global_opts(tooltip_opts=opts.TooltipOpts(is_show=False),xaxis_
opts=opts.AxisOpts(type_="category"),
                        yaxis_opts=opts.AxisOpts(type_="value",axistick_opts=opts.
AxisTickOpts(is_show=True),splitline_opts=opts.SplitLineOpts(is_show=True)))
        .add_xaxis(xaxis_data=director)
        .add_yaxis(series_name=" 电影评论人数 top7 导演分析图 ",y_axis=total_sum,
symbol="emptyCircle",is_symbol_show=True,label_opts=opts.LabelOpts(is_show=False) ))
line.render(" 电影评论人数 top7 导演分析图 .html")
```

绘制的折线图如图 7-20 所示。

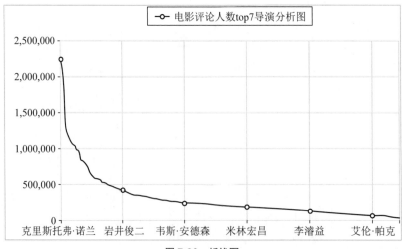

图 7-20　折线图

7.5.5　绘制词云图

针对电影导演名字的所有评分人数进行词云图的呈现，代码如下：

代码 7-18：

```
from pyecharts import Page
from pyecharts import WordCloud
import pymysql
# 连接数据库
db = pymysql.connect(host='192.168.31.120', user='root',
passwd='123456', port=3306, db='show_db')
cur = db.cursor()
sql = "select * from v_director_sum"
cur.execute(sql)
result = cur.fetchall()
# 定义空数据数组，将数据库数据附上去
director = []
total_sum = []
for data in result:
    director.append(data[0])
    total_sum.append(data[1])
# 关闭游标与数据库
cur.close()
db.close()
page = Page()
wordcloud = WordCloud(width=1300, height=620)
wordcloud.add(" 爱新中国 ", director, total_sum, word_size_range=[30, 60])
page.add(wordcloud)
page.render()
```

绘制的词云图如图 7-21 所示。

图 7-21　词云图

在 Python 中安装 Page 等包时经常会遇到一个问题，即提示 Python 包不存在，报错信息如图 7-22 所示。

解决方法是安装 Page 模块，执行下面的代码，安装 Pyecharts 执行结果如图 7-23 所示。

```
pip install pyecharts_snapshot pip install -i https://pypi.tuna.tsinghua.edu.cn/
simple pyecharts==0.3.1
```

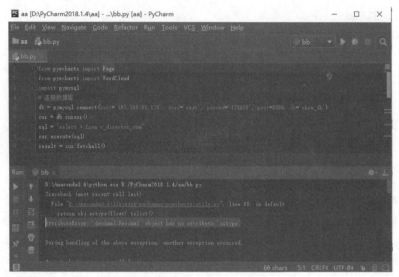

图 7-22 没有安装 Page 包的报错

```
C:\Users\cjp>pip install pyecharts_snapshot pip install -i https://pypi.tuna.tsinghua.edu.cn/simple pyecharts==0.3.1
WARNING: Ignoring invalid distribution -ix (d:\anaconda3.4\lib\site-packages)
WARNING: Ignoring invalid distribution -ix (d:\anaconda3.4\lib\site-packages)
Looking in indexes: https://pypi.tuna.tsinghua.edu.cn/simple
Requirement already satisfied: pyecharts_snapshot in d:\anaconda3.4\lib\site-packages (0.2.0)
Requirement already satisfied: pip in d:\anaconda3.4\lib\site-packages (21.3.1)
Requirement already satisfied: install in d:\anaconda3.4\lib\site-packages (1.3.5)
Requirement already satisfied: pyecharts==0.3.1 in d:\anaconda3.4\lib\site-packages (0.3.1)
Requirement already satisfied: jinja2 in d:\anaconda3.4\lib\site-packages (from pyecharts==0.3.1) (2.9.4)
Requirement already satisfied: future in d:\anaconda3.4\lib\site-packages (from pyecharts==0.3.1) (0.18.3)
Requirement already satisfied: pillow in d:\anaconda3.4\lib\site-packages (from pyecharts==0.3.1) (4.0.0)
Requirement already satisfied: jupyter-pip>=0.3.1 in d:\anaconda3.4\lib\site-packages (from pyecharts==0.3.1) (0.3.1)
Requirement already satisfied: pyppeteer>=0.25 in d:\anaconda3.4\lib\site-packages (from pyecharts_snapshot) (0.0.25)
Requirement already satisfied: urllib3 in d:\anaconda3.4\lib\site-packages (from pyppeteer>=0.25->pyecharts_snapshot) (1.24.3)
Requirement already satisfied: websockets in d:\anaconda3.4\lib\site-packages (from pyppeteer>=0.25->pyecharts_snapshot) (8.0.2)
Requirement already satisfied: tqdm in d:\anaconda3.4\lib\site-packages (from pyppeteer>=0.25->pyecharts_snapshot) (4.64.1)
Requirement already satisfied: appdirs in d:\anaconda3.4\lib\site-packages (from pyppeteer>=0.25->pyecharts_snapshot) (1.4.4)
Requirement already satisfied: pyee in d:\anaconda3.4\lib\site-packages (from pyppeteer>=0.25->pyecharts_snapshot) (9.0.4)
Requirement already satisfied: MarkupSafe>=0.23 in d:\anaconda3.4\lib\site-packages (from jinja2->pyecharts==0.3.1) (0.23)
Requirement already satisfied: olefile in d:\anaconda3.4\lib\site-packages (from pillow->pyecharts==0.3.1) (0.46)
Requirement already satisfied: typing-extensions in d:\anaconda3.4\lib\site-packages (from pyee->pyppeteer>=0.25->pyecharts_snapshot) (4.1.1)
Requirement already satisfied: colorama in d:\anaconda3.4\lib\site-packages (from tqdm->pyppeteer>=0.25->pyecharts_snapshot) (0.3.7)
Requirement already satisfied: importlib-resources in d:\anaconda3.4\lib\site-packages (from tqdm->pyppeteer>=0.25->pyecharts_snapshot) (5.4.0)
Requirement already satisfied: zipp>=3.1.0 in d:\anaconda3.4\lib\site-packages (from importlib-resources->tqdm->pyppeteer>=0.25->pyecharts_snapshot) (3.3.1
)
WARNING: Ignoring invalid distribution -ix (d:\anaconda3.4\lib\site-packages)
WARNING: Ignoring invalid distribution -ix (d:\anaconda3.4\lib\site-packages)
WARNING: Ignoring invalid distribution -ix (d:\anaconda3.4\lib\site-packages)
```

图 7-23 安装 Pyecharts 执行结果

本章将介绍一个餐饮消费数据可视化系统的开发,这个系统综合本书所学知识,对餐饮数据进行可视化展现,以方便用户快速找到适合自己的餐饮信息。

本章学习目标:

- 掌握可视化系统怎么从零开始开发。
- 对要求的各类数据进行可视化实现。

8.1 项目概述

8.1.1 项目目标

从人们餐饮消费的角度来讲,家庭餐饮也扮演着重要的角色。同时,近年来社会餐饮也占据了近半壁江山,也能看到,近几年预制菜、便利店鲜食等餐饮解决方案蓬勃兴起,虽然规模占比较低,但代表了多场景融合,丰富了消费者吃的选择。虽然站在"吃的大盘"角度来考量,社会餐饮所占比例还不高,但随着人均可支配收入的增加,人口流动及家庭小型化等社会经济因素的影响,人们越来越多地选择外出就餐,社会餐饮将持续扩容。

本项目的目的是希望通过建立餐饮数据可视化系统,为用户提供更好的餐饮信息的可视化服务,从而便于餐饮从业者更好地了解餐饮行业的相关情况,同时也便于消费者更好地选择相关消费对象,真正吃得好、吃得放心。

8.1.2 项目总体任务及技术名词

1. 项目总体任务

随着互联网的进一步发展,正处于大数据时代。互联网中的数据是海量的,面对这些海量数据,如何从中自动高效地获取感兴趣的信息并为所用,是一个重要的问题。美食是人类生活中必不可少的部分,说到美食,总会想起大众点评,面对类型众多的商家,如何选择优质的商家,如何选择自己需要的食物,使消费偏好最大化、合理化,是众多美食爱好者的迫切需求。

在本餐饮数据可视化系统中,主要以上海的餐饮企业为研究对象,使用 Python 网络爬虫对大众点评上多家店铺的评论进行自动采集,获取了包括综合评分、口味、环境、服务和人均价格等多种评论数据。同时基于高德地图 API,以知名连锁餐饮企业肯德基为研究对象,采集了部分城市的肯德基门店数据。获取原始数据之后,本开发小组对获取的数据进行筛选和清洗，之后对其进行分析和汇总，并进行可视化处理，使用户可方便快捷地获取自己需要的餐饮信息，选择合适的商家。

2. 技术名词

（1）CORS：即跨域资源共享，是一种基于 HTTP 头的机制，该机制通过允许服务器标示除了它自己以外的其他源（域、协议或端口），使得浏览器允许这些源访问加载自己的资源。跨源资源共享还通过一种机制来检查服务器是否会允许要发送的真实请求，该机制通过浏览器发起一个到服务器托管的跨源资源的预检请求。在预检中，浏览器发送的头中标示有 HTTP 方法和真实请求中会用到的头。

（2）前后端分离：前后端分离就是将一个单体应用拆分成两个独立的应用，前端应用和后端应用以 JSON 格式进行数据交互。前后端分离是一种架构模式，通俗来讲就是后端项目中看不到页面（如 JSP、HTML 等），后端给前端提供接口，前端调用后端提供的 REST 风格接口即可，前端专注写页面（如 Vue）和渲染（如 JavaScript、CSS、各种前端框架），后端专注写代码即可。前后端分离的核心可以概括为"后台提供数据，前端负责显示"。

（3）RESTful：一种网络应用程序的设计风格和开发方式，基于 HTTP，可以使用 XML 格式定义或 JSON 格式定义。最常用的数据格式是 JSON。由于 JSON 能直接被 JavaScript 读取，所以，使用 JSON 格式的 REST 风格的 API 具有简单、易读、易用的特点。

（4）Axios：一个基于 promise 网络请求库，作用于 Node.js 和浏览器中。它是同构的，即同一套代码可以运行在浏览器和 Node.js 中。在服务端，它使用原生 Node.js 的 HTTP 模块，而在客户端则使用 XMLHttpRequests。

（5）MongoDB：一个基于分布式文件存储的数据库，是用 C++ 语言编写的，旨在为 Web 应用提供可扩展的高性能数据存储解决方案。MongoDB 是一个介于关系数据库和非关系数据库之间的产品，是非关系数据库当中功能最丰富、最像关系数据库的。

8.2 需求概述

8.2.1 系统功能模块图

（1）前端系统模块如图 8-1 所示。

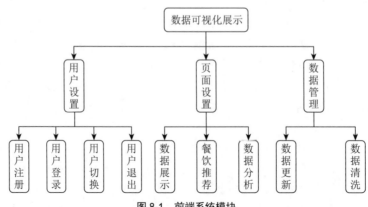

图 8-1 前端系统模块

（2）后端系统模块如图 8-2 所示。

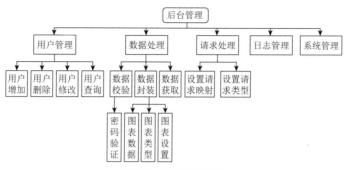

图 8-2　后端系统模块

8.2.2　系统角色用例图

（1）管理员用例图如图 8-3 所示。

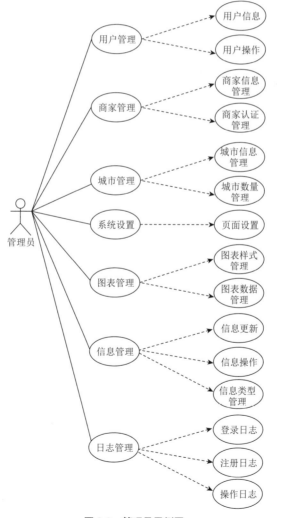

图 8-3　管理员用例图

（2）用户前后端用例图如图 8-4 所示。

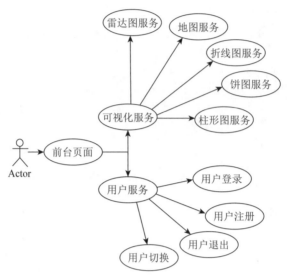

图 8-4　用户前后端用例图

8.3　各模块功能描述

8.3.1　前端功能模块描述

1. 主页

主页是用户进入该系统之后的主界面，整体页面框架由菜单、页面头部和内容展示部分组成，其中内容展示部分的数据可以根据用户点击的链接自动切换，实现网站信息的多种展示效果。

2. 页面设置

页面设置的主要作用是根据用户需求，读取存储在数据库中的不同种类的数据，并将数据以多种形式展现在对应的页面，并提供多种交互方式，便于用户对可视化后的结果数据有更加清晰的理解。实现的各种图如下所述。

①饼图：展示不同城市餐厅评分的比例。饼图通过不同的颜色直观地展示城市中不同评分的餐馆所占的比例，从而展现该城市某餐厅的整体质量。用户可通过查看自己所在区域的餐厅评分分布情况，从而更加合理地选择自己的消费地点。

②雷达图：对不同餐厅在综合评分、口味、服务、环境、性价比和人均价格这几个方面指标的综合比较，使用户对餐厅之间不同指标有一个多维度的比较，从而可以根据自己的偏好，选择更加适合自己的餐厅。

③词云图：对某餐厅用户评论热词的统计和展示，对用户展示出现次数最多的词语，通过展示不同词频的词语，显示以往用户对该餐厅的评价历史，便于用户了解该餐厅的特点。

④折线图：对某餐厅的用户在一天之中评论时间分布和一周中评论时间分布的可视化展示，用户可以了解不同时间段的好评和差评的分布数量，从而合理选择自己的消费时间。

⑤柱形图：用户菜品推荐榜，用户可以通过该榜单获取当前区域被推荐最多的菜品，从而更加合理地选择想要消费的菜品。

3. 用户设置

用户设置主要是为用户提供修改个人信息、创建个人信息、用户进入系统、用户退出系统的相关功能。功能分别如下所述：

①实现进入系统的用户的登录功能，在登录成功后进入可视化系统的首页，若发现用户提供的登录数据存在错误，系统会提示用户重新提供正确的数据。

②未注册过的用户可以点击进入注册页面，系统会跳转到用户注册页面，新用户在输入了一系列信息之后便可以成功注册，并进入系统首页。

③已经登录的用户可以通过单击设置在系统页面上方的"切换"或"退出"按钮，退出系统并返回系统首页。

4. 数据管理

对展示在系统可视化页面的数据进行管理，包括如下功能：

①检查响应数据是否符合页面要求的格式。

②更新展示在可视化界面的数据，保证时效性。

5. 更多

①联系作者：如果用户在使用该可视化系统发现了本系统有数据格式出错、页面跳转、图表展示不全有误等 Bug，可以联系开发组，以方便开发组对相关的错误进行修改。

②加入：如果用户愿意加入本系统的后续开发，也可以联系开发组成员。

8.3.2　后端功能模块描述

1. 个人信息

登录后可单击链接进入该页面，以展示用户的个人信息。用户可以设置自己的信息或者删除掉某条信息，同时管理员可以导出所有的用户信息，也可以添加新的用户。

2. 数据处理

①数据校验：检查数据格式是否正确，是否存在页面需要的信息字段。

②数据封装：将图表数据、用户基本信息、网页请求信息等都封装为 JSON 格式的数据。

③数据获取：基于爬虫技术对系统中的数据进行定期更新，保证数据可视化系统中数据的时效性。

3. 请求处理

①设置请求类型：所有与数据查看相关的请求都设置为 GET 请求方式。

②设置请求映射：本系统的前端页面所发送的请求格式都是基于 RESTFul 风格进行设置的，确保请求的通俗易懂、格式一致，避免出现冲突问题。

8.3.3　管理员功能模块描述

1. 系统管理

网站设置：修改网站 Logo、网站标题、整体框架分布、跳转路由、组件样式、网站主题等。

2. 用户管理

①用户信息：查看网站用户信息。

②用户操作：对用户信息进行查看，以及更新、删除用户信息，导入新的用户信息。

3. 商家管理

①商家信息管理：查询网站存储的餐厅的信息。

②商家认证管理：对网站内的餐饮信息进行定期的验证审核。

4. 城市管理

①城市信息管理：查看通过本网站发布不同城市的整体餐饮数据。

②城市数量管理：通过增减后台数据库中的城市数量信息，显示不同城市的餐饮特点。

5. 图表管理

①图表样式管理：针对不同种类的数据设置不同类型的图表，使得该图表可以最大限度地显示出该组数据的特点。

②图表数据管理：通过设置多种交互组件，使用户可以详尽地查看每组图中的数据细节，进一步加深对城市数据的了解。

6. 信息管理

①信息更新：可以更新数据库中的信息，并在前端模块刷新数据。

②信息操作：可以对原有的数据进行修改、删除等操作。

③信息类型管理：方便对信息进行分类并将其放入到不同的存储表中。

7. 日志管理

①登录日志：记录用户登录的日志。

②注册日志：记录新用户注册的日志。

③操作日志：用户在完成一些重要操作时，系统进行记录并生成日志。

8.4 数据爬取

8.4.1 安装 Python 所需要的包

执行的脚本：pip install -r requirements.txt

8.4.2 怎么获取大众点评的 Cookie

第一步：进入商家评论明细页面，链接如下：

```
https://www.dianping.com/shop/H81SPAlCYvZ58ByN/review_all
```

结果如图 8-5 所示。

第二步：按 F12 键，选择 Network 选项卡，再按 Ctrl+R 组合键进行刷新，然后搜索 review_all 控件，进入下一步，结果如图 8-6 所示。

第三步：单击 review_all 控件中 Request Headers 部分的 Cookie 字段，结果如图 8-7 所示。

图 8-5　商家评论明细页面

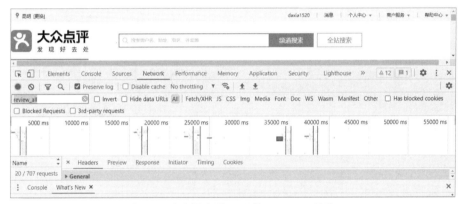

图 8-6　商家评论明细页面的 review_all 控件

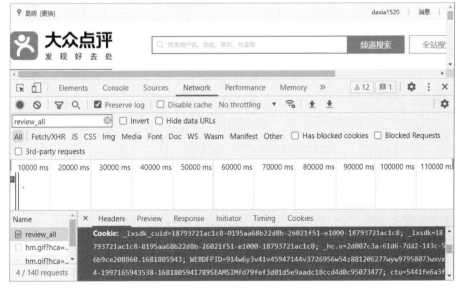

图 8-7　商家评论明细页面的 Cookie

8.4.3 爬取用户评论数据

爬取上海美食人气推荐 30 家店的用户评论数据，完整代码如下：

代码 8-1：

```
import requests
from lxml import etree
import pandas as pd
from time import sleep
import re
import random
#css 反爬
def decrypt(html):
    print(html)
    print('-' * 100)
    cssHref = 'http://s3plus.meituan.net/v1/' + html.split('href="//s3plus.
meituan.net/v1/')[1].split('.css">')[0] + '.css'
    # 输出 CSS 的 URL 路径
    print("css: "+cssHref)
    cssText = requests.get(cssHref).text
    svgHref = 'https://s3plus.meituan.net/v1/mss_0a06a471f9514fc79c981b5466f56b91/
svgtextcss/73d254ccdd81b1643b6cef1a7cd309c6.svg'
    print(f'svgHref: {svgHref}')
    svgText = requests.get(svgHref).text
    heightDic = {}              # 高度例子
    ex = '<path id="(.*?)" d="M0 (.*?) H600"/>'
    for hei in re.compile(ex).findall(svgText):
        heightDic[hei[0]] = hei[1]
    print(f'heightDic: {str(heightDic)[:500]}')
    wordDic = {}                # 单词例子
    ex = '<textPath xlink:href="#(.*?)" textLength="(.*?)">(.*?)</textPath>'
    for row in re.compile(ex).findall(svgText):
        for word in row[2]:
            wordDic[((row[2].index(word) + 1) * -14 + 14, int(heightDic[row[0]]) *
-1 + 23)] = word
    print(f'wordDic: {str(wordDic)[:500]}')
    cssDic = {}                 # CSS 例子
    ex = '.(.*?){background:(.*?).0px (.*?).0px;}'
    for css in re.compile(ex).findall(cssText):
        cssDic[css[0]] = (int(css[1]), int(css[2]))
    print(f'cssDic: {str(cssDic)[:500]}')
    decryptDic = {'<svgmtsi class="' + i + '"></svgmtsi>': wordDic.get(cssDic[i],
'?') for i in cssDic}
    print(f'decryptDic: {str(decryptDic)[:500]}')
    for key in decryptDic:
        html = html.replace(key, decryptDic[key])
    print('-' * 100)
    return html
# 响应函数与滑块验证码反爬
```

```python
def getHtml(url):
    sign = '<title> 验证中心 </title>'
    headers = { 'Cookie': ck, 'Referer': url, 'User-Agent': ua }
    while True:
        res = requests.get(url=url, headers=headers).content.decode('utf-8')
        if sign in res:
            input(' 出现滑块，解锁回车：')
        else:
            break
    sleep(5)
    return decrypt(res)
# 解析函数
def anaHtml(url):
    global resLs
    res = getHtml(url)
    tree = etree.HTML(res)
    for li in tree.xpath('//div[@class="reviews-items"]/ul/li'):
        name = li.xpath('.//a[@class="name"]/text()')[0].strip()
        date = li.xpath('.//span[@class="time"]/text()')[0].strip()
        score = '.'.join(li.xpath('.//div[@class="review-rank"]/span[1]/@class')
[0].split()[1][-2:])
        print(" 评分: "+score)
        taste=''.join(li.xpath('.//div[@class="review-rank"]/span[2]/span[1]/
text()')).replace('\n', '').strip()
        environment = '.'.join(li.xpath('.//div[@class="review-rank"]/span[2]/
span[2]/text()')).replace('\n', '').strip()
        service = ' '.join(li.xpath('.//div[@class="review-rank"]/span[2]/span[3]/
text()')).replace('\n', '').strip()
        average = ' '.join(li.xpath('.//div[@class="review-rank"]/span[2]/span[4]/
text()')).replace('\n', '').strip()
        recommend = ' '.join(li.xpath('.//div[@class="review-recommend"]/a/
text()')).replace('\n', '').strip()
        dic = { ' 昵称 ': name, ' 时间 ': date, ' 评分 ': score, ' 口味 ': taste,' 环境 ':
environment,' 服务 ': service, ' 人均 ': average, ' 推荐 ': recommend }
        print(dic)
        resLs.append(dic)
def main():
    global resLs
    shop = input(' 请输入 shop 编号：').strip()
    page = input(' 请输入 page 数量：').strip()
    for p in range(eval(page)):
        p += 1
        sleep(random.randint(2,10))
        anaHtml(f'https://www.dianping.com/shop/{shop}/review_all/p{p}')
        print(anaHtml)
        print(f'page {p} finish')
    df = pd.DataFrame(resLs)
    # 这个文件名称每次都需要改变
```

```
        writer = pd.ExcelWriter(f'D:/PyCharm2018.1.4/上海美食人气推荐30家/Alimentari
Grande(东湖路店).csv')
        df.to_excel(writer, index=False, encoding='utf-8')
        writer.save()
    if __name__ == '__main__':
        resLs = []
        # 有时候访问不了，可以换Cookie
        user_agents = ['Mozilla/5.0 (Windows NT 10.0; Win64; x64) AppleWebKit/537.36
(KHTML, like Gecko) Chrome/92.0.4515.159 Safari/537.36',
            'Mozilla/5.0 (Windows NT 10.0; Win64; x64) AppleWebKit/537.36 (KHTML, like
Gecko) Chrome/92.0.4515.131 Safari/537.36',
            'Mozilla/5.0 (Windows NT 10.0; Win64; x64) AppleWebKit/537.36 (KHTML, like
Gecko) Chrome/92.0.4515.132 Safari/537.36',
            'Mozilla/5.0 (Windows NT 10.0; Win64; x64) AppleWebKit/537.36 (KHTML, like
Gecko) Chrome/92.0.4515.133 Safari/537.36',
            'Mozilla/5.0 (Windows NT 10.0; Win64; x64) AppleWebKit/537.36 (KHTML, like
Gecko) Chrome/92.0.4515.134 Safari/537.36',
            'Mozilla/5.0 (Windows NT 10.0; Win64; x64) AppleWebKit/537.36 (KHTML, like
Gecko) Chrome/92.0.4515.135 Safari/537.36',
            'Mozilla/5.0 (Windows NT 10.0; Win64; x64) AppleWebKit/537.36 (KHTML, like
Gecko) Chrome/92.0.4515.136 Safari/537.36',
            'Mozilla/5.0 (Windows NT 10.0; Win64; x64) AppleWebKit/537.36 (KHTML, like
Gecko) Chrome/92.0.4515.137 Safari/537.36',
            'Mozilla/5.0 (Windows NT 10.0; Win64; x64) AppleWebKit/537.36 (KHTML, like
Gecko) Chrome/92.0.4515.138 Safari/537.36',
            'Mozilla/5.0 (Windows NT 10.0; Win64; x64) AppleWebKit/537.36 (KHTML, like
Gecko) Chrome/92.0.4515.139 Safari/537.36',
            'Mozilla/5.0 (Windows NT 10.0; Win64; x64) AppleWebKit/537.36 (KHTML, like
Gecko) Chrome/92.0.4515.140 Safari/537.36',
            'Mozilla/5.0 (Windows NT 10.0; Win64; x64) AppleWebKit/537.36 (KHTML, like
Gecko) Chrome/92.0.4515.141 Safari/537.36',
            'Mozilla/5.0 (Windows NT 10.0; Win64; x64) AppleWebKit/537.36 (KHTML, like
Gecko) Chrome/92.0.4515.131 Safari/537.36 Edg/92.0.902.73']
        # 设置Cookie
        ck = '_lxsdk_cuid=18793721ac1c8-0195aa68b22d8b-26021f51-e1000-18793721ac1c8;
_lxsdk=18793721ac1c8-0195aa68b22d8b-26021f51-e1000-18793721ac1c8; _hc.v=2d007c3a-
61d6-7dd2-143c-56b9ce208860.1681805943; WEBDFPID=914w6y3v41v45947144v3726956w54z881
206277wyw97958073wxvx4-1997165943538-1681805941789SEAMSIMfd79fef3d01d5e9aadc18ccd4d
0c95073477; ctu=5441fe6a3f99e146a9b94d06509fc2ab7748f423090f197efe01462f4dcb6371; Hm_
lvt_602b80cf8079ae6591966cc70a3940e7=1681805990; fspop=test; cy=14; cye=fuzhou; dp
er=802bd754c3155677557d6ac596038fa712224c04d603ef9a5984fed3478efbc1165a80cf375a218
3d5c9a6389a1210706dbaef92aa0361d7bc6877d0570ff460; qruuid=44468542-9779-4091-978a-
05fd44d303b9; ll=7fd06e815b796be3df069dec7836c3df; Hm_lpvt_602b80cf8079ae6591966cc70a
3940e7=1681806734; _lxsdk_s=18793721ac1-fe6-ed1-32f||1228'
        ua = random.choice(user_agents)
        main()
```

输入 shop 编号：G7Wi8pH5kMuR4eqP，page 数量为 2，运行结果如图 8-8 所示。

图 8-8　运行程序结果

选择其中的"Alimentari Grande（东湖路店）"为例子，评论信息如图 8-9 所示。

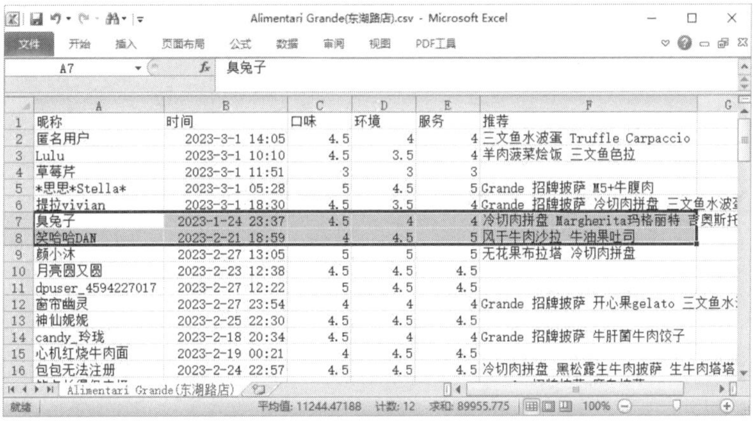

图 8-9　爬取到的评论信息

8.4.4　爬取高德地图 POI 数据

POI（一般作为 Point of Interest 的缩写，也有 Point of Information 的说法，通常称为兴趣点）泛指互联网电子地图中的点类数据，包括名称、地址、坐标、类别 4 个属性。POI 源于基础测绘成果 DLG（Digital Line Graphic，数字线画地图）产品中点类地图要素矢量数据集，在 GIS（Geographic Information System，地理信息系统）中指可以抽象成点进行管理、分析和计算的对象。

使用高德地图的 API 接口，从高德地图 POI 中根据关键词搜索数据，完整程序代码如下：

代码 8-2：

```
import requests
import json
from bson import json_util
import pymongo
```

```python
def getDataByAPI(city, page):
    url = f'https://restapi.amap.com/v3/place/text?types=050301 &city={city}&offset=20&page={str(page)}&key=YOUR KEY'
    res = requests.get(url)
    return res.text
def connectToMongo(host = 'localhost', port = 27017):
    client = pymongo.MongoClient(host=host, port=port)
    # 切换数据库
    db = client['citys']
    return db
def addCityDataToMongo(collection, data):
    result = collection.insert_one(data)
    return result
def getDataFromMongo(collection):
    return collection.find()
db = connectToMongo()
citys = ['北京','上海','广州','深圳','重庆','天津','杭州','武汉','长沙','西安',
'成都','南京','昆明']
for city in ['昆明']:
    for page in range(1, 10):
        temp_data = json.loads(getDataByAPI(city, page))
        # addCityDataToMongo(db.kunming, temp_data)
content = []
for item in getDataFromMongo(db.kunming):
    content.append(item)
print(content)
json_data = json_util.dumps(content, ensure_ascii=False)
f = open('shanghai.json', 'w', encoding='utf-8')
f.write(json_data)
```

爬取到的地区数据如图 8-10 所示。

图 8-10　地区数据

8.5　数据库处理

8.5.1　安装 MongoDB

MongoDB 是一个介于关系数据库和非关系数据库之间的产品，是非关系数据库当中功能最丰富、最像关系数据库的。MongoDB 支持的数据结构非常松散，是类似于 JSON 的 BSON 格式，因此，可以存储比较复杂的数据类型。Mongo 最大的特点是支持的查询语言非常强大，其语法有点类似于面向对象的查询语言，几乎可以实现类似关系数据库单表查询的绝大部分功能，而且支持对数据建立索引。MongoDB 安装过程如图 8-11 所示。

图 8-11　MongoDB 安装过程

8.5.2　创建数据库

创建如下 5 个数据库：① citys：存储各个地市 KFC 店的基本信息；② comments_kfc：存储 KFC 的评论数据；③ comments_shanghai：存储上海各个门店的评论数据；④ stores：存储各个门店的基本信息；⑤ website：存储各个城市 KFC 的数量总数。

8.5.3　创建表并导入数据

创建表 Create Collection，如图 8-12 所示。

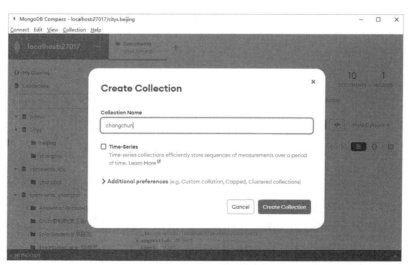

图 8-12　创建表

导入数据，如导入长春的每个 KFC 的店的基本信息的数据，文件名称为 changchun.json，依次把其他表都导入到 MongoDB 中，结果如图 8-13 所示。

图 8-13　导入数据

8.6　数据展示

8.6.1　KFC-日评分分布图

根据评论的时段的不同，绘制出不同时段的评论统计图，分别是上海 KFC- 日评论时段统计图、上海 KFC- 日好评时段统计图、上海 KFC- 日差评时段统计图。完整代码如下：

代码 8-3：

```
from flask import Blueprint
from back.service import CityCommentService
from pyecharts.charts import Line
from pyecharts.charts import WordCloud
from pyecharts import options as opts
import jieba
from collections import Counter
from datetime import datetime
sCityCommentCtl = Blueprint('sCityCommentCtl', __name__)
path = 'static/hit_stopwords.txt'
# 获取某家商家在某个城市所有评论的词云
@sCityCommentCtl.route('/getStoreCommentWordCloud/<store_name>/<city_name>')
def getStoreCityCommentWordCloud(store_name, city_name):
    comment_list = CityCommentService.getSingleCityAllCommentsService(store_name,
city_name)
    data = getWordCloudData(comment_list)
    return data
# 获取某家商家在某个城市所有评论在每天的评论频次
@sCityCommentCtl.route('/getStoreCommentWeekDayLine/<store_name>/<city_name>')
def getStoreCityCommentWeekDayLine(store_name, city_name):
    comment_list = CityCommentService.getSingleCityAllCommentsService(store_name,
city_name)
    week_days = ['星期一', '星期二', '星期三', '星期四', '星期五', '星期六', '星期天']
```

```python
        day_count = getCommentWeekDay(comment_list)
        line_weekday = (
            Line()
            .set_global_opts(
                tooltip_opts=opts.TooltipOpts(is_show=False),
                xaxis_opts=opts.AxisOpts(type_="category"),
                yaxis_opts=opts.AxisOpts(
                    type_="value",
                    axistick_opts=opts.AxisTickOpts(is_show=True),
                    splitline_opts=opts.SplitLineOpts(is_show=True),
                ),
            )
            .add_xaxis(xaxis_data=week_days)
            .add_yaxis(
                series_name="上海 KFC 一周评论频次统计图 ",
                y_axis=day_count,
                is_smooth=True,
                symbol="emptyCircle",
                is_symbol_show=True,
                label_opts=opts.LabelOpts(is_show=True),
                areastyle_opts={
                    "color": {
                        "type": 'linear',
                        "x": 0,
                        "y": 0,
                        "x2": 0,
                        "y2": 1,
                        "colorStops": [{
                            "offset": 0, "color": '#0781C3'  # 蓝色（头部）
                        }, {
                            "offset": 1, "color": '#06F6F8'  # 青色（底部）
                        }],
                    },
                }
            )
        )
    return line_weekday.dump_options_with_quotes()
    @sCityCommentCtl.route('/getStoreCommentTimeLine/<store_name>/<city_name>')
    def getStoreCityCommentTimeLine(store_name, city_name):
        comment_list = CityCommentService.getSingleCityAllCommentsService(store_name,
city_name)
        time_list = [i for i in range(24)]
        time_count, good_comment_time_count, bad_comment_time_count =
getCommentTime(comment_list)
        line_time = (
            Line()
            .set_global_opts(
                tooltip_opts=opts.TooltipOpts(is_show=False),
                xaxis_opts=opts.AxisOpts(type_="category"),
                yaxis_opts=opts.AxisOpts(
                    type_="value",
                    axistick_opts=opts.AxisTickOpts(is_show=True),
                    splitline_opts=opts.SplitLineOpts(is_show=True),
```

```
    ),
    title_opts=opts.TitleOpts(
        title='KFC 一日评分分布图-Shanghai'
    )
)
.add_xaxis(xaxis_data=time_list)
.add_yaxis(
    series_name=" 上海 KFC 一日评论时段统计图 ",
    y_axis=time_count,
    is_smooth=True,
    color='#00FFFF',
    symbol="emptyCircle",
    is_symbol_show=True,
    label_opts=opts.LabelOpts(is_show=True),
    areastyle_opts={
        "color": {
            "type": 'linear',
            "x": 0,
            "y": 0,
            "x2": 0,
            "y2": 1,
            "colorStops": [{
                "offset": 0, "color": '#0781C3'  # 蓝色（头部）
            }, {
                "offset": 1, "color": '#06F6F8'  # 青色（底部）
            }],
        },
    }
).add_yaxis(
    series_name=" 上海 KFC 一日好评时段统计图 ",
    y_axis=good_comment_time_count,
    is_smooth=True,
    color='#00FF7F',
    symbol="emptyCircle",
    is_symbol_show=True,
    label_opts=opts.LabelOpts(is_show=True),
    areastyle_opts={
        "color": {
            "type": 'linear',
            "x": 0,
            "y": 0,
            "x2": 0,
            "y2": 1,
            "colorStops": [{
                "offset": 0, "color": '#00EE76'  # 蓝色（头部）
            }, {
                "offset": 1, "color": '#C1FFC1'  # 青色（底部）
            }],
        },
    }
).add_yaxis(
    series_name=" 上海 KFC 一日差评时段统计图 ",
    color='   #FA8072',
```

```
                y_axis=bad_comment_time_count,
                is_smooth=True,
                symbol="emptyCircle",
                is_symbol_show=True,
                label_opts=opts.LabelOpts(is_show=True),
                areastyle_opts={
                    "color": {
                        "type": 'linear',
                        "x": 0,
                        "y": 0,
                        "x2": 0,
                        "y2": 1,
                        "colorStops": [{
                            "offset": 0, "color": '#FF3030'  #头部
                        }, {
                            "offset": 1, "color": '#FF3030'  #底部
                        }],
                    },
                }
            )
        )
    return line_time.dump_options_with_quotes()
    #获取停用词表
    def getStopWordsList(filepath):
        stopwords = [line.strip() for line in open(filepath, 'r', encoding='utf-8').
readlines()]
        return stopwords
    #获取绘制词云所需的数据
    def getWordCloudData(comments_list):
        print('start')
        stopwords = getStopWordsList(path)
        word_dict = []
        for comment in comments_list:
            if '评论' not in comment:
                continue
            sentence = comment['评论']
            sentence = jieba.lcut(sentence)
            for word in sentence:
                if word not in stopwords:
                    word_dict.append(word.replace(' ', ''))
            word_counter = Counter(word_dict)
            word_list = word_counter.most_common(100)
        word_cloud = (WordCloud()
                    .add(series_name="Shanghai-kfc", data_pair=word_list, word_size_
range=[15, 70], word_gap=20)
                    .set_global_opts(title_opts=opts.TitleOpts(title="KFC-WordCloud"),
                            legend_opts=opts.LegendOpts(is_show=True))
                )
        data = word_cloud.dump_options_with_quotes()
        print('finish')
        return data
    def getCommentTime(comment_list):
        time_count = [0 for i in range(24)]
```

```
    good_comment_time_count = [0 for i in range(24)]
    bad_comment_time_count = [0 for i in range(24)]
    time_list = []
    for comment in comment_list:
        if '时间' not in comment:
            continue
        time = comment['时间'].split(' ')
      · if len(time) > 1:
            time = time[1]
            time_list.append(time)
            if '评分' not in comment:
                continue
            score = float(comment['评分'])
            if score >= 3.0:
                good_comment_time_count[int(time[:2])] += 1
            else:
                bad_comment_time_count[int(time[:2])] += 1
    for time in time_list:
        time_count[int(time[:2])] += 1
    return [time_count, good_comment_time_count, bad_comment_time_count]
def getCommentWeekDay(comment_list):
    day_count = [0 for i in range(7)]
    day_list = []
    for comment in comment_list:
        if '时间' not in comment:
            continue
        date = comment['时间'].split(' ')[0]
        day_list.append(date)
    for day in day_list:
        day = day[0:10]
        try:
            day_count[datetime.strptime(day, '%Y-%m-%d').weekday()] += 1
        except Exception as e:
            continue
    return day_count
getStoreCityCommentTimeLine('kfc', 'shanghai')
```

绘制的 KFC 一日评分分布图如图 8-14 所示。

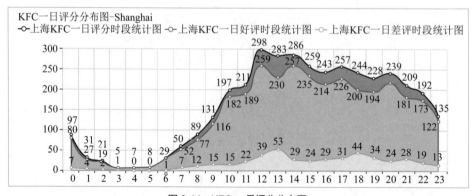

图 8-14　KFC 一日评分分布图

8.6.2　不同城市评分分布统计饼图

饼图展示某个城市的不同评分分数区间的比例，可反映城市某餐厅的整体质量，用户通过查看自己所在区域的餐厅评分分布情况，可以更加合理地选择自己的消费地点。部分代码如下：

代码 8-4：

```
# 绘制 KFC 评分分布统计图
    rating_keys = list(rating_dict.keys())
    rating_keys.sort()
    rating_values = []
    for key in rating_keys:
        rating_values.append(rating_dict[key])
    rating_data = []
    for i in range(len(rating_keys)):
        rating_data.append([rating_keys[i], rating_values[i]])
    p = Pie(init_opts=opts.InitOpts(width="2000px", height="900px"))
    p.add('Rating', rating_data)
    p.set_global_opts(
        legend_opts=opts.LegendOpts(type_='scroll', pos_right='2%', pos_top='15%',
orient='vertical'),
        title_opts=opts.TitleOpts(title=f'{city_pinyin_dict[city_name]}{store_
name} 评分分布统计图 ')
    )
    p.set_series_opts(label_opts=opts.LabelOpts(formatter="{d}%"))
    return p.dump_options_with_quotes()
```

绘制的饼图如图 8-15 所示。

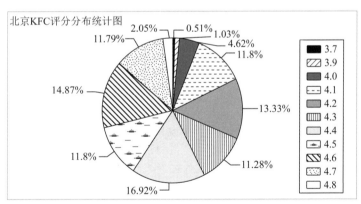

图 8-15　不同城市评分分布统计饼图

8.6.3　不同餐厅综合比较雷达图

对不同餐厅在综合评分、口味、服务、环境、性价比和人均价格等方面进行综合比较，使用户对餐厅之间不同指标有一个多维度的比较，从而根据自己的偏好，选择更加适合自己的餐厅。完整的实现代码如下：

代码 8-5：

```
from flask import Blueprint
```

```python
from back.service import cityStoreInfoService
from pyecharts.charts import Radar
from pyecharts.charts import Bar
from pyecharts import options as opts
cStoreInfoCtl = Blueprint('cStoreInfoCtl', __name__)
@cStoreInfoCtl.route('/getStoreInfoRadar/<city_name>')
def getStoreInfoRadar(city_name):
    store_info_list = cityStoreInfoService.getAllStoreInfoService(city_name)
    radar_data = getStoreRadarData(store_info_list)
    return radar_data
def getStoreRadarData(store_info_list):
    radar_data_list = []
    for i in range(len(store_info_list)):
        colors = ['#fc5a50', '#35ad6b', '#3d7afd', '#aa23ff', '#fcb001']
        radar_data = (
            Radar()
            .add_schema(
                schema=[
                    opts.RadarIndicatorItem(name=" 综合评分 ", max_=5.0),
                    opts.RadarIndicatorItem(name=" 口味 ", max_=5.0),
                    opts.RadarIndicatorItem(name=" 服务 ", max_=5.0),
                    opts.RadarIndicatorItem(name=" 性价比 ", max_=5.0),
                    opts.RadarIndicatorItem(name=" 环境 ", max_=5.0),
                    opts.RadarIndicatorItem(name=" 人均 / 元 ", max_=200)
                ],
                splitarea_opt=opts.SplitAreaOpts(
                    is_show=True, areastyle_opts=opts.AreaStyleOpts(opacity=1)
                )
            )
        )
        if i + 5 >= len(store_info_list):
            for j in range(i, len(store_info_list)):
                info = []
                store = store_info_list[j]
                info.append(float(store[' 综合评分 ']))
                info.append(float(store[' 口味 ']))
                info.append(float(store[' 服务 ']))
                info.append(float(store[' 性价比 ']))
                info.append(float(store[' 环境 ']))
                info.append(float(store[' 人均 / 元 ']))
                radar_data.add(
                    series_name=store[' 店名 '],
                    data=[info],
                    areastyle_opts=opts.AreaStyleOpts(opacity=0.2),
                    linestyle_opts=opts.LineStyleOpts(width=2),
                    color=colors[j - i]
                )
            radar_data_list.append(radar_data.dump_options_with_quotes())
            break
        else:
            for j in range(i, i + 5):
                info = []
                store = store_info_list[j]
```

```
                # print(store)
                info.append(float(store['综合评分']))
                info.append(float(store['口味']))
                info.append(float(store['服务']))
                info.append(float(store['性价比']))
                info.append(float(store['环境']))
                info.append(float(store['人均/元']))
                radar_data.add(
                    series_name=store['店名'],
                    data=[info],
                    areastyle_opts=opts.AreaStyleOpts(opacity=0.2),
                    linestyle_opts=opts.LineStyleOpts(width=2),
                    color=colors[j - i]
                )
            radar_data.set_global_opts(title_opts=opts.TitleOpts(
                title='上海人气Top30餐馆数据对比',
                pos_top='45%'
            ))
            radar_data.set_series_opts(label_opts=opts.LabelOpts(is_show=False))
            radar_data_list.append(radar_data.dump_options_with_quotes())
            i = i + 5
    return radar_data_list
@cStoreInfoCtl.route('/getStoreInfoBar/<city_name>')
def getStoreInfoBar(city_name):
    store_info_list = cityStoreInfoService.getAllStoreInfoService(city_name)
    bar_data = getStoreBarData(store_info_list)
    return bar_data
def getStoreBarData(store_info_list):
    bar = (
        Bar()
    )
    temp_store_dict = {}
    store_name_list = []
    store_sell_num_list = []
    for info in store_info_list:
        temp_store_dict[info['店名']] = int(info['季售'])
        store_name_list.append(info['店名'])
        store_sell_num_list.append(info['季售'])
    store_tuple = sorted(temp_store_dict.items(), key=lambda x: x[1])
    store_dict = {}
    for store in store_tuple:
        data_pair = list(store)
        store_dict[data_pair[0]] = data_pair[1]
    x_data = list(store_dict.keys())
    y_data = list(store_dict.values())
    bar.add_xaxis(
        x_data
    )
    bar.add_yaxis('季度销售量', y_data)
    bar.set_global_opts(
        title_opts=opts.TitleOpts(
            title='上海人气Top30餐馆季度销售量'
        ),
```

```
        yaxis_opts=opts.AxisOpts(
            is_show=False
        )
    )
    bar.set_series_opts(
        label_opts=opts.LabelOpts(is_show=True, color='black'),
        itemstyle_opts={
            "color": {
                "type": 'linear',
                "x": 1,
                "y": 0,
                "x2": 0,
                "y2": 0,
                "colorStops": [{
                    "offset": 0, "color": '#FF6347'  # (头部)
                }, {
                    "offset": 1, "color": '#FFFFFF'  # (底部)
                }],
            }
        }
    )
    bar.reversal_axis()
    return bar.dump_options_with_quotes()
```

绘制的不同餐厅综合比较雷达图如图 8-16 所示。

图 8-16　不同餐厅综合比较雷达图

8.6.4　上海人气 Top30 餐馆菜品推荐指数柱形图

使用柱形图对某地区的餐饮商家的销售量进行排名，完整代码如下：

代码 8-6：

```
from flask import Blueprint
from back.service import cityStoreCommentService
from pyecharts.charts import Bar
from pyecharts import options as opts
cStoreCommentCtl = Blueprint('cStoreCommentCtl', __name__)
@cStoreCommentCtl.route('/getStoreRecommendFoodBar/<city_name>')
def getRecommendFoodCircle(city_name):
```

```
        store_list = cityStoreCommentService.getCityStoreNameList(city_name)
        recommend_dish_dict = {}
        for store in store_list:
            comments = cityStoreCommentService.getSingleStoreCommentListService(city_
name, store)
            for comment in comments:
                if '推荐' not in comment:
                    continue
                if len(comment['推荐']) > 0:
                    recommend_list = comment['推荐'].split(' ')
                    for recommend in recommend_list:
                        if recommend not in recommend_dish_dict:
                            recommend_dish_dict[recommend] = 1
                        else:
                            recommend_dish_dict[recommend] += 1
        print(recommend_dish_dict)
        bar_data = getBarData(recommend_dish_dict)
        return bar_data
    def getBarData(recommend_dish_dict):
        recommend_dish_tuple = sorted(recommend_dish_dict.items(), key=lambda x: x[1],
reverse=True)
        recommend_dict = {}
        for recommend_dish in recommend_dish_tuple:
            data_pair = list(recommend_dish)
            recommend_dict[data_pair[0]] = data_pair[1]
        x_data = list(recommend_dict.keys())
        x_data.reverse()
        y_data = list(recommend_dict.values())
        y_data.reverse()
        print(x_data)
        bar = (
            Bar()
        )
        bar.add_xaxis(
            x_data
        )
        bar.add_yaxis('菜品推荐指数', y_data)
        bar.set_global_opts(
            title_opts=opts.TitleOpts(
                title='上海人气 Top30 餐馆菜品推荐指数'
            ),
        )
        bar.set_series_opts(
            label_opts=opts.LabelOpts(is_show=False, color='black'),
            itemstyle_opts={
                "color": {
                    "type": 'linear',
                    "x": 1,
                    "y": 0,
                    "x2": 0,
                    "y2": 0,
```

```
        "colorStops": [{
            "offset": 0, "color": '#FF3030'  # (头部)
        }, {
            "offset": 1, "color": '#FFE4E1'  # (底部)
        }],
    }}
)
bar.reversal_axis()
return bar.dump_options_with_quotes()
```

绘制的上海人气 Top30 餐馆菜品推荐指数柱形图如图 8-17 所示。

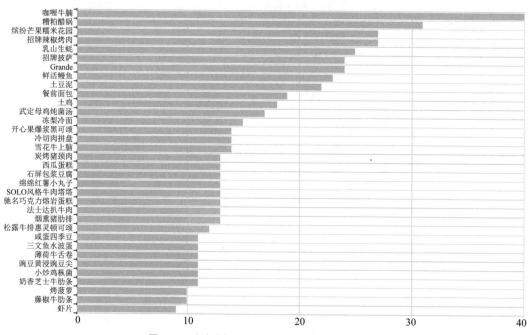

图 8-17　上海人气 Top30 餐馆菜品推荐指数柱形图

8.6.5　KFC 用户评论词云图

词云图对 KFC 餐厅用户评论热词的统计和展示，对用户展示出现次数最多的词语，通过展示不同词频的词语，显示以往用户对该餐厅的评价历史，便于用户了解该餐厅的特点，完整代码如下：

代码 8-7：

```
from pyecharts.charts import WordCloud
from pyecharts import options as opts
import jieba
from flask import Blueprint
from collections import Counter
sCityCommentCtl = Blueprint('sCityCommentCtl', __name__)
```

```
    path = 'static/hit_stopwords.txt'
    # 获取停用词表
    def getStopWordsList(filepath):
        stopwords = [line.strip() for line in open(filepath, 'r', encoding='utf-8').
readlines()]
        return stopwords
    # 获取绘制词云所需的数据
    def getWordCloudData(comments_list):
        print('start')
        stopwords = getStopWordsList(path)
        word_dict = []
        for comment in comments_list:
            # print(comment)
            if '评论' not in comment:
                continue
            sentence = comment['评论']
            sentence = jieba.lcut(sentence)
            for word in sentence:
                if word not in stopwords:
                    word_dict.append(word.replace(' ', ''))
        word_counter = Counter(word_dict)
        word_list = word_counter.most_common(100)


        word_cloud = (WordCloud()
                        .add(series_name="Shanghai-kfc", data_pair=word_list, word_size_
range=[15, 70], word_gap=20)
                        .set_global_opts(title_opts=opts.TitleOpts(title="KFC-WordCloud"),
legend_opts=opts.LegendOpts(is_show=True))
                        )
        data = word_cloud.dump_options_with_quotes()
        print('finish')
        return data
```

绘制出来的词云图如图 8-18 所示。

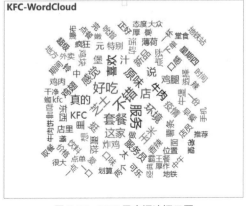

图 8-18　KFC 用户评论词云图

8.7　大数据可视化前端运行和展示

8.7.1　安装和配置 Node

在 Windows 操作系统中安装 Node，如图 8-19 所示。

图 8-19　安装 Node 软件

8.7.2　运行前端的 VUE 程序

进入 \dietary_data_visualization\front 目录，执行下面的步骤：

（1）删除"node_modules"文件夹和"package-lock.json"。

（2）打开 cmd 窗口，利用 cd 命令进入项目目录。

（3）执行"npm clean cache -f"命令，清除 npm 缓存。

（4）执行"npm install"命令，重新安装依赖。

（5）执行"npm run build"命令，打包项目。

（6）执行"npm run serve"命令，运行项目。

运行前端的 VUE 程序结果如图 8-20 所示。

图 8-20　运行 VUE 程序

8.7.3　数据分析系统展示

使用浏览器打开如下 URL 地址：http://192.168.31.50:8080，结果如图 8-21 所示。

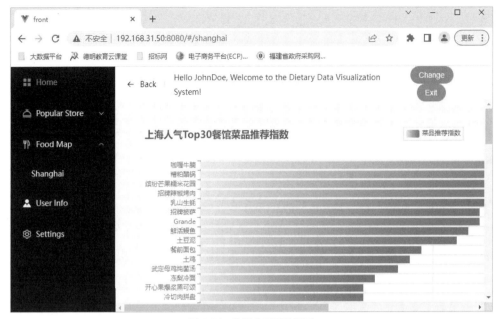

图 8-21　数据分析系统展示

参考文献

[1] 黄源 . 大数据可视化技术与应用 - 微课视频版 [M]. 北京：清华大学出版社，2020.

[2] 王珊珊，梁同乐 . 大数据可视化 [M]. 北京：清华大学出版社，2021.

[3] 魏伟一，李晓红，高志玲 . Python 数据分析与可视化 [M]. 北京：清华大学出版社，2021.

[4] 孟兵，李杰臣 . 零基础学 Python 爬虫、数据分析与可视化从入门到精通 [M]. 北京：机械工业出版社，2021.

[5] 贾宁 . 大数据爬取、清洗与可视化教程 [M]. 北京：电子工业出版社，2021.

[6] 杨晓雷 . 基于机器视觉的数据可视化艺术设计研究 [D]. 武汉：华中师范大学，2022.

[7] 张娜，杨秋叶，王磊 . 基于大数据可视化技术的精准教学研究与应用 [J]. 电脑知识与技术，2022，18(10)：21-24.

[8] 史国举 . 数据可视化技术在大数据分析领域的应用及发展研究 [J]. 无线互联科技，2021，18(18):96-97.

[9] 范丽 . 基于 Python 的数据可视化 [J]. 电子世界，2020(08)：52-53.

[10] 邱凯 . 基于 Hadoop 平台的大数据可视化分析实现与应用 [J]. 电子技术与软件工程，2022(19)：184-187.